高等学校计算机基础教育规划教材

多媒体技术及实践

韩鹏 李岩 宋昕 编著

清华大学出版社
北京

内 容 简 介

本书系统介绍了多媒体技术的基本概念、理论以及应用方法。全书共分 11 章,主要内容包括数据的采集与压缩,图像文件、图形文件、音频文件、动画文件、视频文件、三维多媒体文件的处理与制作,多媒体文件的保存与校验,多媒体文件在软件、网络、科研等方面的应用。本书在内容安排上循序渐进、深入浅出,各章重点、难点突出,所涉概念介绍清晰,侧重技能的讲解与实验实践。全书共涉及 29 个实验项目,分为基础型、提高型、综合型与创新型四个大类,适合不同阶段的读者学习,并有助于知识的巩固与提高。全部实验项目均配有详细的图文参考流程、拓展实验与思考题,力求突出典型实例,面向具体应用,提高解决实际问题的能力。

本书适合大学本科或本科以上学生使用,也可作为多媒体技术爱好者的自学教材,还可作为相关专业学生进行多媒体技术基础课程实验与创新竞赛的参考书。

图书在版编目(CIP)数据

多媒体技术及实践/韩鹏,李岩,宋昕编著. —北京:清华大学出版社,2018
(高等学校计算机基础教育规划教材)
ISBN 978-7-302-49769-1

Ⅰ. ①多… Ⅱ. ①韩… ②李… ③宋… Ⅲ. ①多媒体技术－高等学校－教材 Ⅳ. ①TP37

中国版本图书馆 CIP 数据核字(2018)第 037164 号

责任编辑:袁勤勇　薛　阳
封面设计:常雪影
责任校对:时翠兰
责任印制:沈　露

出版发行:清华大学出版社
　　　　网　　　　址:http://www.tup.com.cn,http://www.wqbook.com
　　　　地　　　　址:北京清华大学学研大厦 A 座　　　邮　　编:100084
　　　　社　总　机:010-62770175　　　　　　　　　　邮　　购:010-62786544
　　　　投稿与读者服务:010-62776969,c-service@tup.tsinghua.edu.cn
　　　　质　量　反　馈:010-62772015,zhiliang@tup.tsinghua.edu.cn
　　　　课　件　下　载:http://www.tup.com.cn,010-62795954
印　装　者:北京密云胶印厂
经　　销:全国新华书店
开　　本:185mm×260mm　　　印　　张:14.25　　　字　　数:330 千字
版　　次:2018 年 12 月第 1 版　　　　　　　印　　次:2018 年 12 月第 1 次印刷
定　　价:39.00 元

产品编号:075884-01

前言

多媒体技术是利用计算机对文本、图像、图形、声音、动画、视频等多种信息进行综合处理、建立逻辑关系和人机交互作用的技术。近年来,随着计算机技术与网络技术的飞速发展,多媒体技术的表现形式、应用领域及功能得到了极大的扩展。如今,多媒体技术已经深入到了社会的方方面面,深刻地改变着我们熟悉的世界。

为了更好地促进大学相关专业对多媒体技术的讲授,提高上课学生对多媒体技术及应用的掌握与实践能力,我们特编写本书。全书共分为 11 章,包含了 29 个实验项目、配备带有详细图文参考流程的实验内容以及拓展实验和思考题。其中,第 1 章旨在强化多媒体数据的采集与压缩方法的掌握;第 2~7 章详细讲解了从文本到视频乃至三维数据的各类多媒体数据的访问、处理、编辑、展示等操作;第 8~11 章讲授了多媒体文件的保存、校验及其在软件、网络、科学研究中的典型应用。在内容组织方面,本书教学目标突出,注重理论与实践的结合,配套实验难度渐进,教学方法灵活,从促进学生掌握常用操作与工具的基础实验到巩固知识、强化技能的提高型实验,再到结合多种多媒体技术的综合型实验以及培养学生自主学习能力的创新型实验均有囊括,并提供配套的教学资源解决方案,适合各相关专业的学生使用。

本书由韩鹏负责统稿,韩鹏、李岩、宋昕主持编写,陈晶晶、刘少楠、方笑晗、曹知奥、司方远、王莹、梁怀新、陈琪、孙云鹏、赵萍、武卓然参与编写。东北大学汪晋宽教授对本书的编写与完善给予了重要的指导,东北大学秦皇岛分校刘杰民、刘志刚、李志刚、谭雷在本书的撰写过程中提供了宝贵意见与帮助,在此一并感谢。本书的出版特别感谢百科融创公司提供的协同育人项目(师资培训项目、联合实训项目)的宝贵支持。

本书适合大学本科或本科以上学生使用,也可作为多媒体爱好者的自学教材,还可作为相关专业学生进行课程实验与创新竞赛的参考书。为方便使用,本书中所涉及的实验范例及相关素材都可在编者的个人网站韩博士工作室下载,网址为: http://www.drhan.org。

由于编者水平有限,书中不足之处在所难免,敬请读者批评指正。

本书的出版得到了以下基金项目的支持:
- 国家自然科学基金(61603083);
- 装备预研教育部联合基金(6141A0202230601);
- 河北省自然科学基金(F2017501014);

- 河北省高等学校科学技术研究项目(QN2016315,QN2017105);
- 辽宁省科学技术计划项目(201601029);
- 中央高校基本科研业务费项目(N172304028,N162303005);
- 东北大学秦皇岛分校教学研究与改革项目;
- 全国学校共青团研究课题重点课题(2017ZD011)。

编　者

2018 年 6 月

目录

第 **1** 章

数据的采集与压缩

1.1 知识重点

通过本章多媒体技术的学习与实践,读者应扎实掌握以下重点内容:

(1) 使用多种渠道与方法完成多媒体文件的采集。

(2) 有损压缩与无损压缩的异同及适用领域。

1.2 实验资料

1. 相关知识点

(1) 多媒体:多媒体(Multimedia)是多种媒体的综合,一般包括文本、声音和图像等多种媒体形式。在计算机系统中,多媒体指组合两种或两种以上媒体的一种人机交互式信息交流和传播媒体。使用的媒体包括文字、图片、照片、声音、动画和影片,以及程序所提供的互动功能。

(2) 数据压缩:数据压缩是指在不丢失有用信息的前提下,缩减数据量以减少存储空间,提高其传输、存储和处理效率,或按照一定的算法对数据进行重新组织,减少数据的冗余和存储的空间的一种技术方法。数据压缩包括有损压缩和无损压缩,其中,无损压缩利用数据的统计冗余进行压缩,压缩比一般比较低,广泛应用于文本数据、程序和特殊应用场合的图像数据等需要精确存储数据的压缩;有损压缩方法利用了人类视觉、听觉对图像、声音中的某些频率成分不敏感的特性,允许压缩的过程中损失一定的信息,广泛应用于语音、图像和视频数据的压缩。

2. 相关工具

WinZip:WinZip 是一款功能强大并且易用的压缩实用程序,其支持 Zip、7z、RAR 等主流压缩格式,并能够实现压缩、解压缩、文件预览等丰富功能。WinZip 基于强大的 128 位和 256 位 AES 加密算法,能够具备强大的压缩功能与加密能力。

1.3　实验项目：多媒体文件的采集

1. 实验名称

多媒体文件的采集。

2. 实验目的

（1）熟悉多媒体文件的类型与表现形式。
（2）掌握典型的多媒体文件的采集方法。

3. 实验类型

基础型。

4. 实验环境

（1）接入互联网、预装 Windows 操作系统的计算机。
（2）摄像头、扫描仪、麦克风等多媒体采集设备。
（3）Microsoft Word、Microsoft PowerPoint。

5. 实验内容

（1）使用互联网浏览、下载多媒体文件。
（2）使用 Word、PowerPoint 等软件输入、制作简单的多媒体文件。
（3）使用摄像头、扫描仪、麦克风等硬件采集简单的多媒体文件。

6. 参考流程

（1）使用互联网浏览、下载多媒体文件。

① 访问网站：运行 Internet Explore 浏览器，输入网址并访问多媒体文件所在的网站（以 www.163.com 为例，如图 1-1 所示）。

② 采集文字：进入需要采集的信息所在的网页，如图 1-2 所示，用鼠标选取、复制所需采集的文字，并粘贴到在本地计算机的指定位置新建的文本文件或 Word 文件。

③ 采集图片：进入需要采集的信息所在的网页，右击所需采集的图片，并选择"图片另存为"命令，保存到本地计算机的指定位置，如图 1-3 所示。

④ 采集其他多媒体文件：进入需要采集的信息所在的网页，找到所需采集的文件的真实链接，右击链接，并选择"链接另存为"，保存到本地计算机的指定位置。

（2）使用 Word、PowerPoint 等软件输入、制作简单的多媒体文件。

① 创建空白文档：运行 Word 2016，如图 1-4 所示，单击"空白文档"以创建一个空白的文档文件。

图 1-1　通过浏览器访问网站

图 1-2　通过复制粘贴采集文字

图 1-3　通过"图片另存为"采集图片

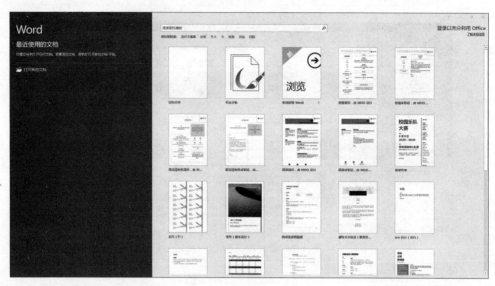

图 1-4　创建空白文档

② 通过键盘输入文字：按 Ctrl＋Shift 组合键切换并选择合适的输入法，如图 1-5 所示，在空白文档中输入文字。

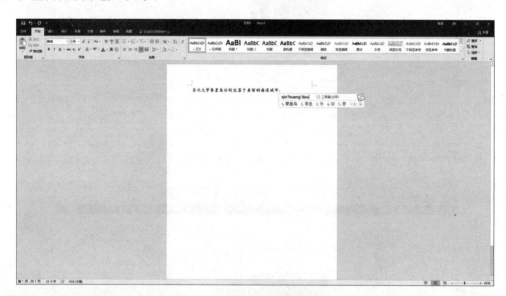

图 1-5　在空白文档中输入文字

③ 保存文档：单击任务栏中的"文件"按钮，在左侧弹出菜单，选择"另存为"命令，单击"浏览"按钮以选择合适的路径保存制作完成的 Word 文档，并对 Word 文档重命名（以桌面\NEUQ\NEUQ.docx 为例，如图 1-6 所示）。

④ 创建空白演示文稿：运行 PowerPoint 2016，如图 1-7 所示，单击"空白演示文稿"以创建一个空白的演示文稿。

⑤ 选择演示文稿主题：如图 1-8 所示，单击任务栏中的"设计"按钮，选择合适的主题

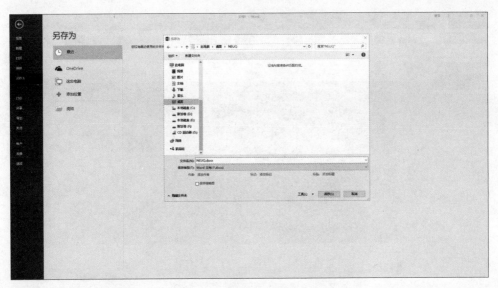

图 1-6　保存编辑完成的文档

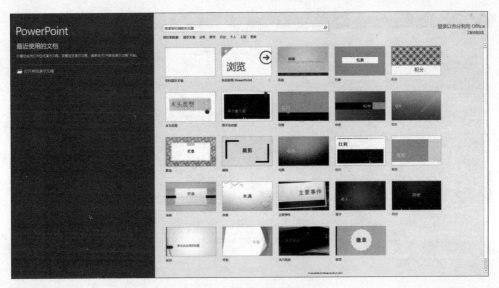

图 1-7　创建空白演示文稿

用以美化演示文稿。

　　⑥ 输入文字：如图 1-9 所示，在主副标题文本框中输入文字。

　　⑦ 保存演示文稿：单击任务栏中的"文件"按钮，在左侧弹出菜单，选择"另存为"命令，单击"浏览"按钮以选择合适的路径保存制作完成的演示文稿，并对演示文稿重命名（以桌面\NEUQ\NEUQ.pptx 为例，如图 1-10 所示）。

　　（3）使用摄像头、扫描仪、麦克风等硬件采集简单的多媒体文件。

　　① 连接并开启麦克风：大多数笔记本电脑默认开启麦克风，台式计算机多数需连接外部麦克风，并手动开启开关。

图 1-8　选择合适的演示文稿主题

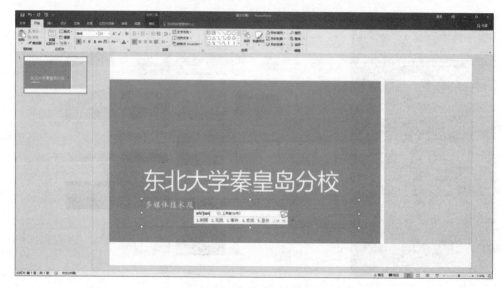

图 1-9　编辑主、副标题

　　② 启动语音录音机：如图 1-11 所示，通过搜索或在"开始"菜单中找到"语音录音机"，单击打开软件。

　　③ 录音采集：如图 1-12 所示，单击 按钮开始录音，将声源靠近麦克风以提高录音采集质量。录音完毕后单击 以停止录音。

　　④ 录音文件重命名：单击 按钮对录音文件进行重命名，如图 1-13 所示。

　　⑤ 浏览和移动录音文件：单击 按钮，选择"打开文件位置"以浏览文件（Windows 10 语音录音机默认保存路径为 C:\Users\administrator\Documents\录音）。

　　⑥ 连接并开启摄像头：大多数笔记本电脑默认开启摄像头，台式计算机多数需连接

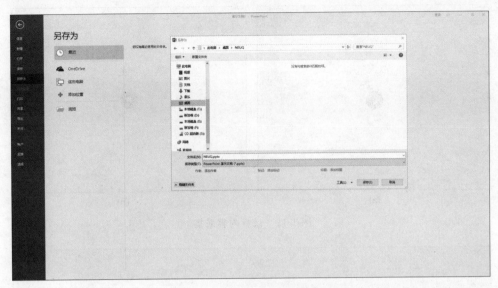

图 1-10 保存编辑完成的演示文稿

图 1-11 启动语音录音机

外部摄像头,并手动开启开关。

⑦ 启动相机:如图 1-14 所示,通过搜索或在"开始"菜单找到"相机",单击打开软件。

⑧ 视频采集:打开主界面后,单击 以切换为视频拍摄模式,定位好拍摄主体后,单击 以开始视频录制。如图 1-15 所示,待视频录制完毕后,单击 以停止视频录制。

图 1-12 录音内容采集

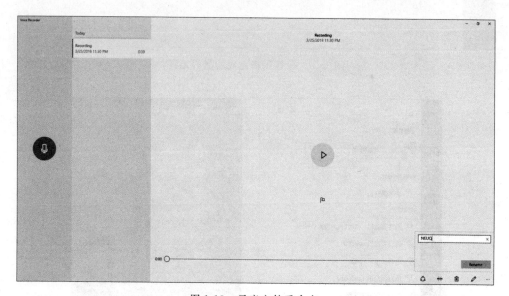

图 1-13 录音文件重命名

⑨ 浏览和重命名视频：Windows 10 的相机程序默认保存路径为 C:\Users\administor\Pictures\Camera Roll，可以通过设置修改默认的保存地址。

7. 拓展实验

（1）使用搜索引擎快速搜索特定关键词的文字、图片等多媒体文件。
（2）使用迅雷等工具软件批量下载多媒体文件。
（3）使用花瓣网等网络平台在线采集、管理多媒体文件。
（4）使用 Envato、千图网等网站下载高质量的多媒体文件。

8. 思考题

（1）网站中显示的多媒体信息与本地计算机中显示的有什么异同？
（2）网站中显示各类多媒体信息的原理是什么？

图 1-14　启动相机

图 1-15　视频内容采集

1.4　实验项目：有损压缩与无损压缩

1. 实验名称

有损压缩与无损压缩。

2. 实验目的

（1）熟悉常用的文件压缩工具及使用方法。

（2）掌握有损压缩与无损压缩的区别与联系。

3. 实验类型

基础型。

4. 实验环境

（1）接入互联网、预装 Windows 操作系统的计算机。

（2）Microsoft Word、Microsoft PowerPoint、WinZip。

5. 实验内容

（1）使用 WinZip 压缩特定大小的 Word、PowerPoint 文件并比较文件大小。

（2）使用 WinZip 压缩特定大小的图片和视频文件并比较文件大小。

（3）使用 PowerPoint 压缩图片功能压缩图片文件并比较文件大小。

6. 参考流程

（1）使用 WinZip 压缩特定大小的 Word、PowerPoint 文件并比较文件大小。

① 将待压缩 Word 文档导入 WinZip：运行 WinZip 20.0，将待压缩 Word 文档用鼠标拖入 WinZip 提示空白区域（如图 1-16 所示）。成功后，WinZip 将弹出添加完成窗口，并显示预计压缩效果，如图 1-17 所示。

图 1-16　WinZip 主界面空白区域

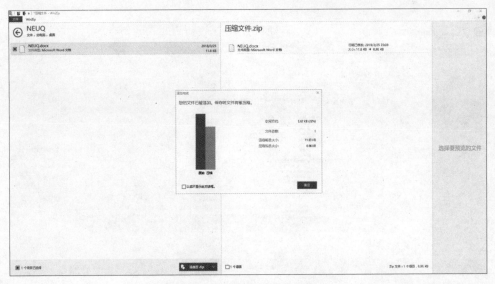

图 1-17　预计压缩效果弹窗

②　保存压缩文件：选中所需文档，单击任务栏中的"文件"按钮，选中弹出菜单中的"另存为"命令，选择合适的路径用以保存压缩文件并对其进行重命名（以桌面\NEUQ\NEUQ.zip 为例，如图 1-18 所示）。

③　比较压缩前后大小：源文件大小为 13KB，压缩后大小为 11KB，如图 1-19 所示。

（2）使用 WinZip 压缩特定大小的图片和视频文件并比较文件大小。

①　将待压缩图片导入 WinZip：运行 WinZip 20.0，将待压缩图片用鼠标拖入 WinZip 提示空白区域（如图 1-20 所示区域）。成功后，WinZip 将弹出添加完成窗口，并显示预计压缩效果。

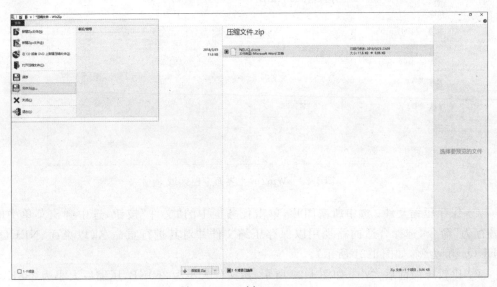

(a)

图 1-18　保存压缩完成的文件

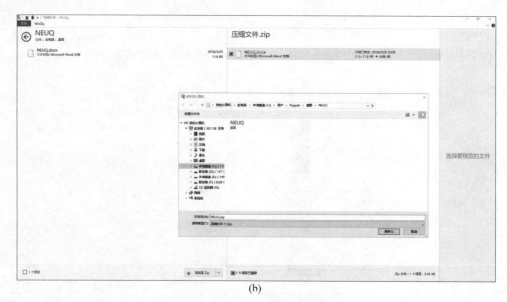

(b)

图 1-18（续）

名称	日期	类型	大小
NEUQ.docx	2017/3/13 1:37	Microsoft Word ...	13 KB
NEUQ.zip	2017/3/13 1:25	WinZip 文件	11 KB

图 1-19　压缩前后大小对比

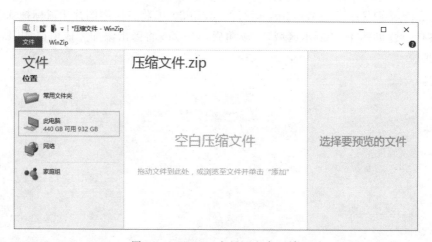

图 1-20　WinZip 主界面空白区域

　　② 保存压缩文件：选中所需图片，单击任务栏中的"文件"按钮，选中弹出菜单中的"另存为"命令，选择合适的路径用以保存压缩文件并对其进行重命名（以桌面\NEUQ\NEUQ.zip 为例，如图 1-21 所示）。

　　③ 比较压缩前后大小：如图 1-22 所示，源文件大小为 250KB，压缩后大小为 238KB。

　　（3）使用 PowerPoint 压缩图片功能压缩图片文件并比较文件大小。

　　① 创建空白演示文稿：运行 PowerPoint 2016，如图 1-23 所示，单击"空白演示文稿"

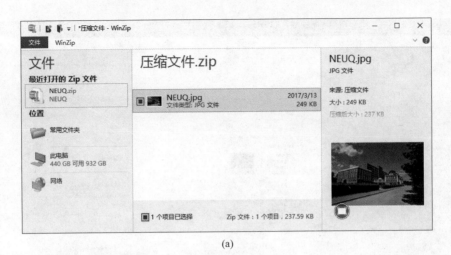

(a)

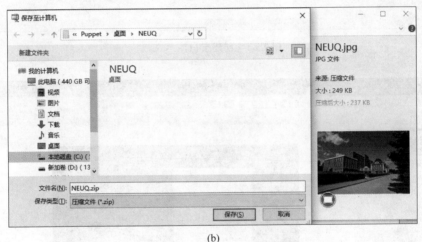

(b)

图 1-21　保存压缩完成的图片文件

名称	日期	类型	大小
NEUQ.jpg	2010/7/5 15:07	JPG 文件	250 KB
NEUQ.zip	2017/3/13 1:25	WinZip 文件	238 KB

图 1-22　压缩前后大小对比

以创建一个空白的演示文稿。

　　② 导入图片：单击任务栏中的"插入"按钮，选择"图片"选项，如图 1-24 所示，根据需要插入的图片路径导入图片。

　　③ 压缩图片：双击导入的图片，任务栏自动切换到"格式"，选择"压缩图片"命令，在弹出的"压缩图片"对话框中单击"确定"按钮以开始图片压缩，如图 1-25 所示。

　　④ 保存图片：右击图片，选择"另存为图片"选项，并选择合适的路径以保存压缩后的图片（以桌面\NEUQ\NEUQ1.jpg 为例，如图 1-26 所示）。

　　⑤ 比较压缩前后大小：如图 1-27 所示，源文件大小为 250KB，压缩后为 37KB。

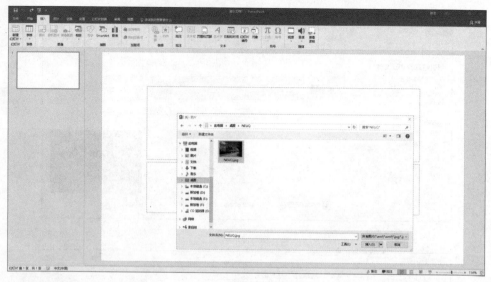

图 1-23　创建空白演示文稿

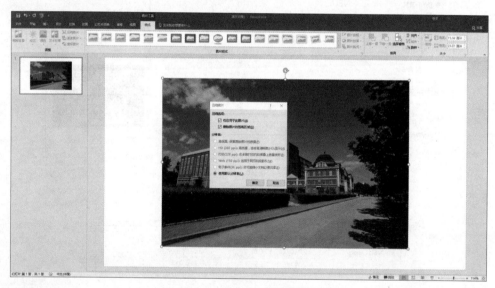

图 1-24　导入待压缩图片

7. 拓展实验

（1）使用压缩分卷功能将大文件压缩成分卷文件以便于传输。

（2）使用格式工厂等软件压缩视频文件并比较文件大小。

8. 思考题

（1）什么类型的多媒体文件适合使用有损压缩？

（2）有损压缩后的多媒体文件能够被接受的原因是什么？

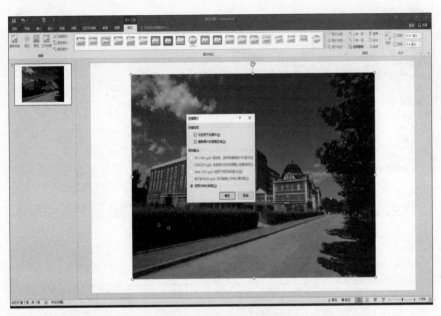

图 1-25　通过 PowerPoint 内置压缩功能压缩图片

(a)

图 1-26　保存图片

另存为图片
此电脑 › 桌面 › NEUQ
搜索"NEUQ"
组织 ▾
新建文件夹
快速访问
101CANON
lr
NEUQ
多媒体技术实验
Microsoft Power
OneDrive
此电脑
视频
图片
NEUQ.jpg
文件名(N): NEUQ1.jpg
保存类型(T): JPEG 文件交换格式 (*.jpg)
作者: 陈琪
标记: 添加标记
标题: PowerPoint 演示文稿
隐藏文件夹
工具(L)
保存(S)
取消

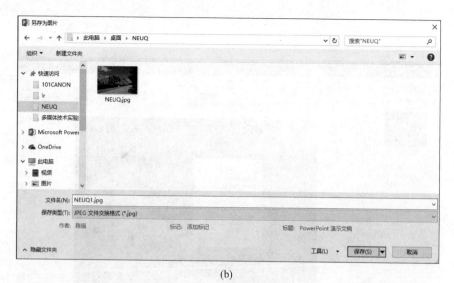

(b)

图 1-26(续)

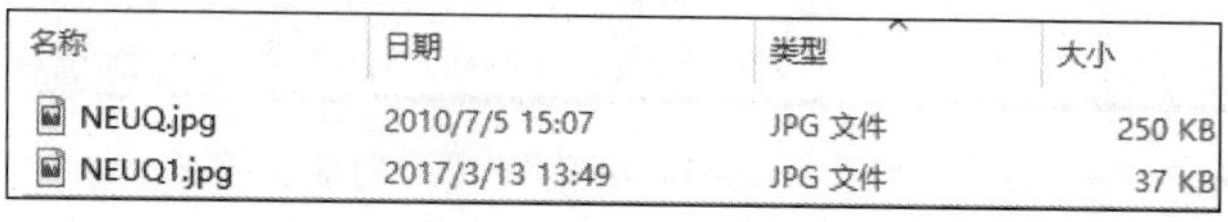

名称
日期
类型
大小
NEUQ.jpg
2010/7/5 15:07
JPG 文件
250 KB
NEUQ1.jpg
2017/3/13 13:49
JPG 文件
37 KB

图 1-27　压缩前后大小对比

第2章

图像文件的处理与制作

2.1 知识重点

通过本章多媒体技术的学习与实践,读者应扎实掌握以下重点内容:

(1) 图像文件的创建、打开、修改、保存的操作。

(2) Windows 画图软件的基本操作。

(3) Photoshop 软件的基本操作。

(4) JPEG、PNG、GIF 图像文件格式的特点。

(5) 位图与矢量图的区别。

2.2 实验资料

1. 相关知识点

(1) 图像处理:图像处理(Image Processing)就是用计算机对图像进行分析,以达到所需结果的技术,又称影像处理。图像处理一般指数字图像处理。数字图像是指用工业相机、摄像机、扫描仪等设备经过拍摄得到的一个大的二维数组,该数组的元素称为像素,其值称为灰度值。图像处理技术一般包括图像压缩,增强和复原,匹配、描述和识别三个部分。

(2) 图像制作:运用计算机进行图像的设计、编辑和修饰的过程。借用鼠标、键盘、数位板等外部输入设备进行操作,常用的软件有 Photoshop、Adobe Illustrator 等。

2. 相关工具

(1) Windows 画图软件:画图是一个简单的图像绘画程序,是微软 Windows 操作系统的预装软件之一。画图程序是一个位图编辑器,可以对各种位图格式的图画进行编辑,用户可以自己绘制图画,也可以对扫描的图片进行编辑修改,在编辑完成后,可以以 BMP、JPG、GIF 等格式存档,用户还可以发送到桌面或其他文档中。

(2) Adobe Photoshop:Adobe Photoshop 简称 PS,是由 Adobe Systems 开发和发行

的图像处理软件。Photoshop 主要处理以像素所构成的数字图像。使用其众多的编修与绘图工具，可以有效地进行图片编辑工作。PS 有很多功能，在图像、图形、文字、视频、出版等各方面都有涉及。2013 年 7 月，Adobe 公司推出新版本 Photoshop CC（Creative Cloud）。在 Photoshop CS6 功能的基础上，Photoshop CC 新增相机防抖动功能、CameraRAW 功能改进、图像提升采样、属性面板改进、Behance 集成等功能，以及 Creative Cloud，即云功能。

2.3 实验项目：初识位图

1. 实验名称

初识位图。

2. 实验目的

了解位图文件的格式与特点。

3. 实验类型

基础型。

4. 实验环境

（1）接入互联网、预装 Windows 操作系统的计算机。
（2）Windows 画图软件。

5. 实验内容

使用画图软件打开 JPEG 格式文件，放大并观察其特性。

6. 参考流程

使用画图软件打开 JPEG 格式文件，放大并观察其特性：

（1）运行画图软件：如图 2-1 所示，通过搜索找到"画图"，单击打开软件。

（2）打开 JPEG 文件：单击"文件"菜单，选择"打开"选项，如图 2-2 所示，根据路径选择图片。

（3）放大观察图片：向右拖动缩放按钮，待图片被放大到合适的大小时松开鼠标。如图 2-3 所示，观察放大后的 JPEG 图片。

图 2-1　运行画图软件

图 2-2　用画图软件打开 JPEG 文件

图 2-3　放大图片并观察

7. 拓展实验

使用画图软件打开 RAW 文件及其对应的 JPEG 文件,放大并观察其特性。

8. 思考题

使用 JPEG 压缩算法形成的图像文件有哪些典型特征?

2.4 实验项目：图像文件的基本编辑

1. 实验名称

图像文件的基本编辑。

2. 实验目的

(1) 掌握使用 Windows 画图软件编辑图像文件的基本操作。
(2) 了解不同图像文件格式的尺寸与特点。

3. 实验类型

基础型。

4. 实验环境

(1) 接入互联网、预装 Windows 操作系统的计算机。
(2) Windows 画图软件。

5. 实验内容

(1) 使用画图软件实现本地图像文件的打开、基本编辑、保存。
(2) 使用画图软件实现图像文件的新建、添加线条与图案、保存。

(3) 将 BMP 格式的图像文件保存成其他图片格式，比较其质量与大小区别。

6. 参考流程

(1) 使用画图软件实现本地图像文件的打开、基本编辑、保存。

① 运行画图软件：如图 2-4 所示，通过搜索找到"画图"软件，单击打开软件。

② 打开 JPEG 文件：单击"文件"菜单，选择"打开"选项，如图 2-5 所示，根据路径选择图片。

③ 进行基本编辑：如图 2-6 所示，使用文本框为图片添加文字。

④ 保存文件：单击 🖫 以保存编辑完成的文件。

(2) 使用画图软件实现图像文件的新建、添加线条与图案、保存。

① 运行画图软件：如图 2-7 所示，通过搜索找到

图 2-4 运行画图软件

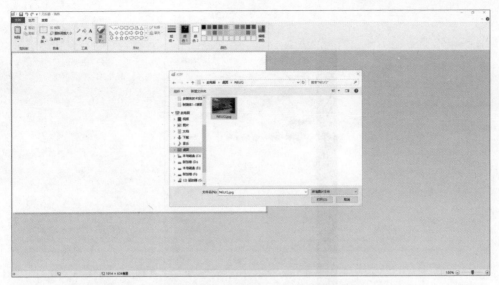

图 2-5　用画图软件打开 JPEG 文件

图 2-6　用文本框工具给图片配上文字

"画图",单击打开软件。

　　② 添加线条与图案：如图 2-8 所示,单击╲以添加一条直线,拖动鼠标以确定线条的位置与长度。单击◇以添加一个菱形图案,拖动鼠标以确定图案的位置与大小。

　　③ 保存文件：单击▤,在弹出的窗口中选择保存类型为 JPEG,如图 2-9 所示,重命名文件并选择合适的路径用以保存文件。

　　(3) 将 BMP 格式的图像文件保存成其他图片格式,比较其质量与大小区别。

　　① 运行画图软件：如图 2-10 所示,通过搜索找到"画图",单击打开软件。

图 2-7　运行画图软件

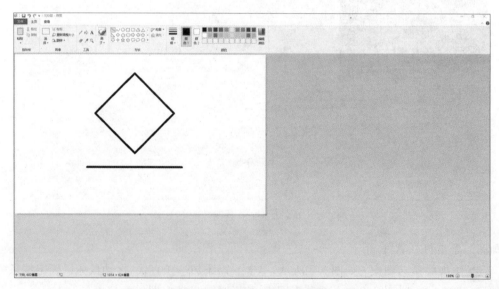

图 2-8　添加线条和基本的图案

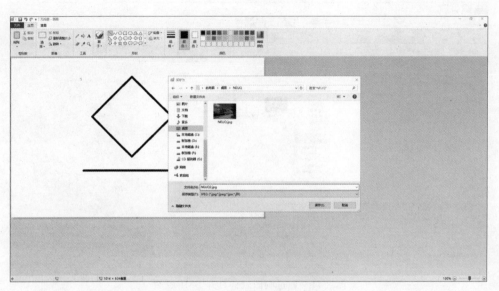

图 2-9　保存文件

图 2-10　运行画图软件

② 打开 BMP 文件：单击"文件"菜单，选择"打开"选项，如图 2-11 所示，根据路径选择 BMP 格式图片。

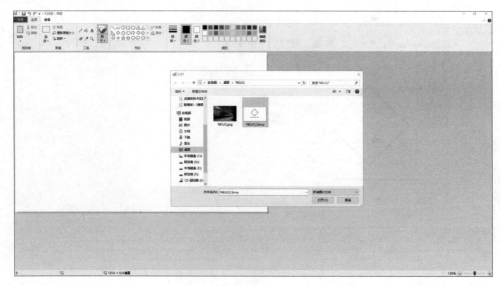

图 2-11　通过画图软件打开 BMP 文件

③ 另存为 JPEG 格式：单击"文件"菜单，选择"另存为"选项，如图 2-12 所示，设置保存类型为 JPEG，重命名图片并选择合适的路径以保存文件。

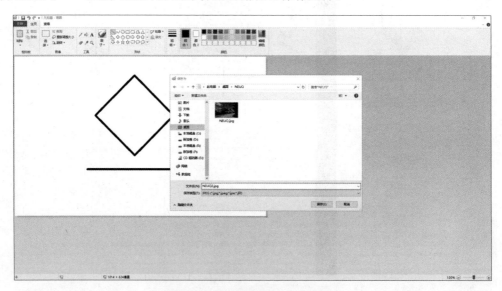

图 2-12　另存为 JPEG 格式文件

④ 比较大小：如图 2-13 所示，BMP 文件大小为 441KB，JPEG 文件大小为 21KB。

| NEUQ1.bmp | 2017/3/13 23:33 | BMP 文件 | 441 KB |
| NEUQ1.jpg | 2017/3/14 0:11 | JPG 文件 | 21 KB |

图 2-13　比较处理前后文件大小

7. 拓展实验

（1）使用 PowerPoint 等软件内置的图片编辑工具实现基本的图片处理。

（2）使用美图秀秀等软件实现照片文件的快速编辑与处理。

8. 思考题

如果使用 Windows 画图软件处理矢量图，会怎样？

2.5 实验项目：图像文件的高级编辑

1. 实验名称

图像文件的高级编辑。

2. 实验目的

（1）掌握使用 Photoshop 软件编辑图像文件的高级操作。

（2）了解选区、图层、蒙版、透明的概念。

（3）了解滤镜的使用与效果。

（4）进一步了解位图文件的特点与典型应用。

3. 实验类型

提高型。

4. 实验环境

（1）接入互联网、预装 Windows 操作系统的计算机。

（2）Photoshop 软件。

5. 实验内容

（1）使用 Photoshop 实现图片的背景去除与替换（选区＋遮罩）。

（2）使用 Photoshop 实现电影海报的制作（图层＋字效＋滤镜）。

（3）使用 Photoshop 实现照片的瑕疵处理（图章工具）。

（4）使用 Photoshop 实现 CMYK、RGB 等色彩空间的转换。

6. 参考流程

（1）使用 Photoshop 实现图片的背景去除与替换（选区＋遮罩）。

① 打开前景图：运行 Adobe Photoshop CC 2015，单击"文件"菜单，选择"打开"选项，如图 2-14 所示，根据前景图的路径找到源文件并打开。

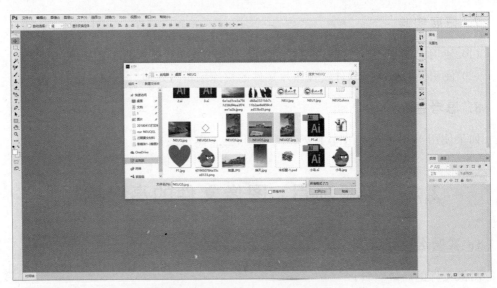

图 2-14　通过 Photoshop 打开前景图

② 图层栅格化：双击 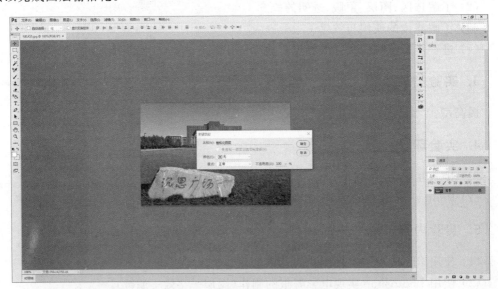，如图 2-15 所示，弹出新建图层窗口，新建图层以完成图层栅格化。

图 2-15　对图层进行栅格化处理

③ 选区：长按左侧工具栏 套索工具右下角标，选择"磁性套索工具"。拖动鼠标沿着天空边缘进行选区操作。如图 2-16 所示，成环后，在原选区上右击调出菜单，单击"选择反向"选项完成背景选区的选择。

④ 删除背景：单击"编辑"菜单，如图 2-17 所示，选择"清除"选项以删除前景图背景。

⑤ 插入新背景：单击"文件"菜单，选择"置入嵌入的智能对象"选项，根据路径选择需要的背景图并插入。完成插入后，切换为 工具，单击背景图，如图 2-18 所示，弹出置

图 2-16　用套索工具选出需要的区域

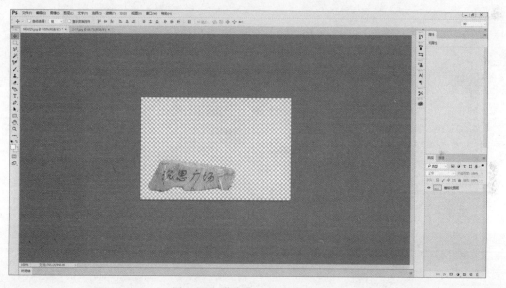

图 2-17　删除选区以外的背景

入提示窗口，单击"置入"按钮以完成背景图置入，如图 2-19 所示。

　　⑥ 调换图层顺序：如图 2-20 所示，长按新置入的背景图图层并将其拖动到前景图图层之下，成功后，前景选区将覆盖于新背景图之上。如图 2-21 所示，完成前景图背景的替换。

　　⑦ 保存文件：单击"文件"菜单，选择"存储为"选项，选择合适的路径保存处理完成的图片并给文件重命名。

　　(2) 使用 Photoshop 实现电影海报的制作（图层＋字效＋滤镜）。

　　① 打开前景图：运行 Adobe Photoshop CC 2015，单击"文件"菜单，选择"打开"选

图 2-18　置入提示窗口

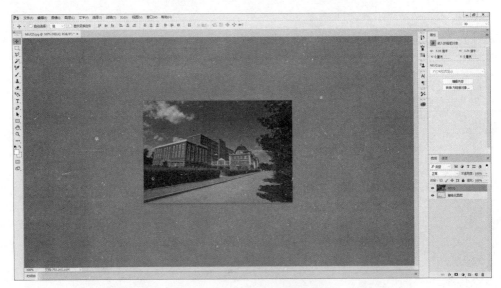

图 2-19　背景图置入

图 2-20　调换图层顺序

项,如图 2-22 所示,根据前景图的路径找到源文件并打开。

　　② 图层栅格化:双击 ,弹出新建图层窗口,如图 2-23 所示,新建图层以完成图层栅格化。

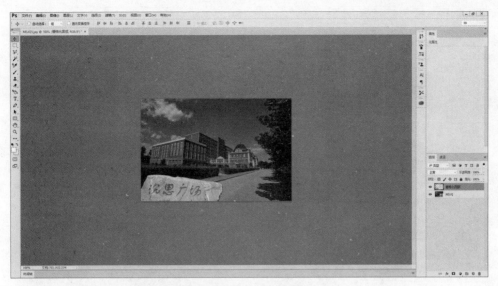

图 2-21　完成前景图背景的替换

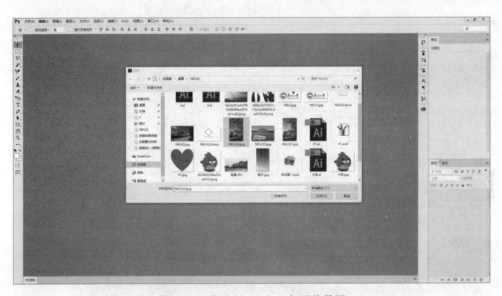

图 2-22　通过 Photoshop 打开前景图

③ 选区：长按左侧工具栏 套索工具右下角标，选择"磁性套索工具"。拖动鼠标沿着前景图中"沉思广场"石碑边缘进行选区操作。如图 2-24 所示，成环后，在原选区上右击调出菜单，单击"选择反向"选项完成背景选区的选择。

④ 删除背景：如图 2-25 所示，单击"编辑"菜单，选择"清除"选项以删除前景图背景。

⑤ 插入新背景：单击"文件"菜单，选择"置入嵌入的智能对象"选项，根据路径选择需要的背景图并插入。完成插入后，切换为 工具，单击背景图，如图 2-26 所示，弹出置入提示窗口，单击"置入"以完成背景图置入，如图 2-27 所示。

图 2-23　对图层进行栅格化处理

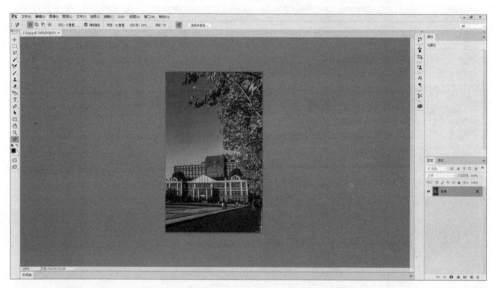

图 2-24　用套索工具选出需要的区域

　　⑥ 调换图层顺序：如图 2-28 所示，长按新置入的背景图图层并将其拖动到前景图图层之下，成功后，前景选区将覆盖于新背景图之上。如图 2-29 所示，完成前景图背景的替换。

　　⑦ 添加海报文字：单击工具栏 T 以使用文本工具，在合适的位置布置文本后，输入电影名称，单击 方正兰亭细黑简 切换字体，单击 T 24点 切换字号，单击 □ 切换字色。如图 2-30 所示，选择合适的字体、字号、字色以完成文字添加。

图 2-25 删除选区以外的背景

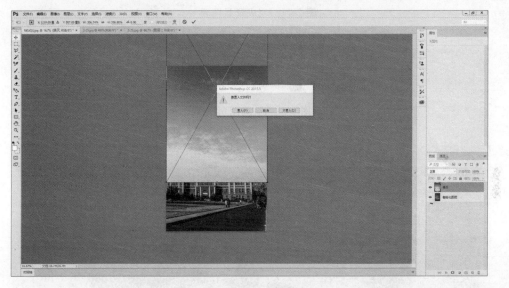

图 2-26 弹出置入提示窗口

⑧ 添加滤镜：如图 2-31 所示，根据具体需求添加合适的滤镜。本书以此图为例，整体表现学校秋季生机勃勃的气氛，可以使用加温滤镜来提升海报整体效果。单击调整栏下 <!-- icon --> 照片滤镜选项，选择"冷却滤镜（82）"以完成滤镜添加。

⑨ 保存文件：单击"文件"菜单，选择"存储为"选项，选择合适的路径保存处理完成的图片并给文件重命名。

（3）使用 Photoshop 实现照片的瑕疵处理（图章工具）。

① 打开待处理图片：运行 Adobe Photoshop CC 2015，单击"文件"菜单，选择"打开"选项，如图 2-32 所示，根据待处理图片的路径找到源文件并打开。

图 2-27 完成背景图置入

图 2-28 调换图层顺序

图 2-29 完成前景图背景的替换

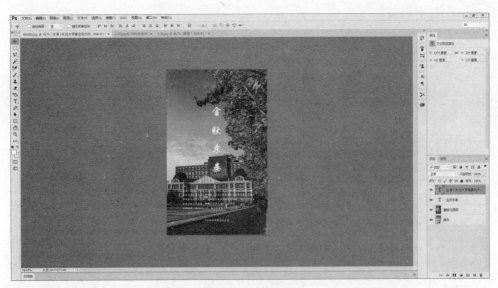

图 2-30　添加海报文字

图 2-31　添加滤镜

　　② 选择仿制图章工具：单击工具菜单  以选择仿制图章工具。

　　③ 擦除瑕疵：如图 2-33 所示，校徽的中央有一道黑色的污渍，影响整体效果。使用仿制图章工具，先用鼠标对准周围白色区域按 Alt 键进行对照物截取，而后从瑕疵的一段开始长按鼠标左键并沿着污渍的轨迹拖动鼠标，直到污渍被完全擦除（原图及操作后对比）。

　　注意事项：仿制图章的工作原理是运用以参照物为起点、鼠标运动轨迹的平行线为路径范围内的图像对瑕疵处进行覆盖。因此，应尽量保证参照物周围图像的一致度。当参照物周围景象复杂时，应当多次替换参照物以达到最好的瑕疵处理效果。

图 2-32　通过 Photoshop 打开待处理的图片

(a)

(b)

图 2-33　擦除瑕疵

④ 保存文件：单击"文件"菜单，选择"存储为"选项，选择合适的路径保存处理完成的图片并给文件重命名。

（4）使用 Photoshop 实现 CMYK、RGB 等色彩空间的转换。

① 打开待处理图片：运行 Adobe Photoshop CC 2015，单击"文件"菜单，选择"打开"选项，如图 2-34 所示，根据待处理图片的路径找到源文件并打开。

图 2-34　通过 Photoshop 打开待处理的图片

② 转换色彩空间：单击"图像"按钮，移动鼠标到"模式"选项，如图 2-35 所示，可以看见当前图片默认色彩空间为 RGB，单击 CMYK 颜色以切换到 CMYK 色彩空间。

图 2-35　转换色彩空间

③ 保存文件：单击"文件"菜单，选择"存储为"选项，选择合适的路径保存处理完成的图片并给文件重命名。

7. 拓展实验

（1）使用 Photoshop 实现三维立体字的制作。

（2）使用 Photoshop 实现桁架等商业印刷品的制作。

（3）使用 Photoshop 实现矢量图的栅格化处理。

（4）使用 Photoshop 模仿制作商业广告。

8. 思考题

（1）Photoshop 给图片加滤镜的原理是什么？

（2）不同色彩空间的差异以及用途是什么？

2.6 实验项目：图像文件的综合制作

1. 实验名称

图像文件的综合制作。

2. 实验目的

（1）掌握使用 Photoshop 软件编辑图像文件的高级操作。

（2）了解画笔、柔边效果的使用。

（3）掌握通过调整饱和度改变图片效果的操作。

3. 实验类型

综合型。

4. 实验环境

（1）接入互联网、预装 Windows 操作系统的计算机。

（2）Photoshop 软件。

5. 实验内容

使用 Photoshop 实现专业海报的制作。

6. 实验内容

使用 Photoshop 实现专业海报的制作：

（1）创建画布：运行 Adobe Photoshop，根据需求选择尺寸及画布填充色（此处以

600 * 650px,画布填充色♯f3f3f3 为例,如图 2-36 所示)。

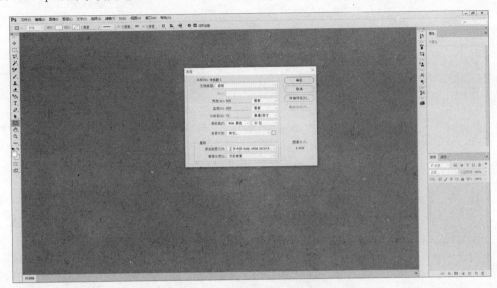

图 2-36　创建合适大小的画布

（2）编辑背景：使用图片组合、蒙版、调整饱和度及柔边笔等技巧编辑背景。

如图 2-37 所示,将地景图片拖入 Photoshop 画布,将其放置在画布底端,确定好位置后,切换任意一种工具栏工具,弹出置入确认窗口,单击"确认"按钮完成地景图片的置入。

图 2-37　将地景图片置入画布

如图 2-38 所示,对图层进行栅格化处理(选中地景图片图层,右击,选择"栅格化图层")。

如图 2-39 所示,为图层添加蒙版(选中图层,单击图层任务栏最下方左数第三个按钮)。将地景图片边缘与背景色混合。如图 2-40 所示,使用混色画笔工具。首先用吸色工

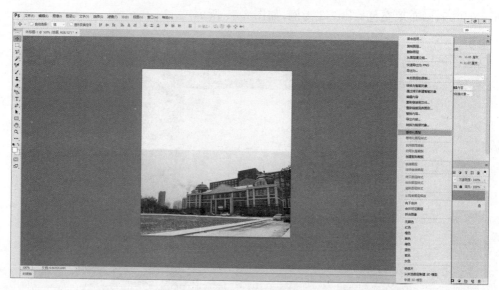

图 2-38　对图层进行栅格化处理

图 2-39　为图层添加蒙版

具 将填充色设置与背景灰色一致,而后选择画笔工具 ,根据需求调整画笔的大小,尽量调大号以达到最圆滑的柔边效果。而后设置画笔为混色画笔,如图 2-41 所示,根据实际效果按照 80%-60%-40% 的不透明度从上至下逐步涂抹混色直到达到最好效果。

如图 2-42 所示,调整饱和度至 −100(单击调整栏自然饱和度按钮 ▽,调整饱和度至 −10)。

如图 2-43 所示,将天空素材拖入画布,将其放置在地景图层下方位置,重复上述操作,直到天空与地景完美融合。

(3)使用雪花等不同形状的笔刷添加白色痕迹以增加海报镜头感,如图 2-44 所示。

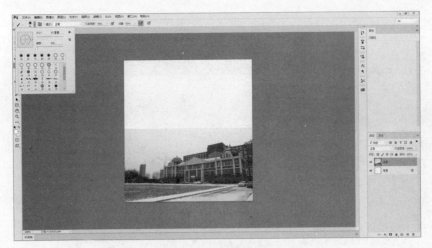

图 2-40　画笔选择窗口

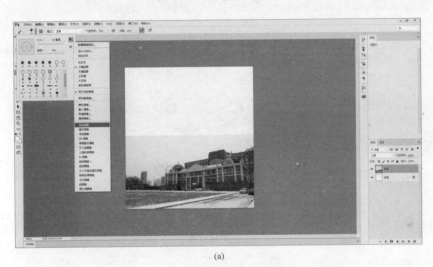

(a)

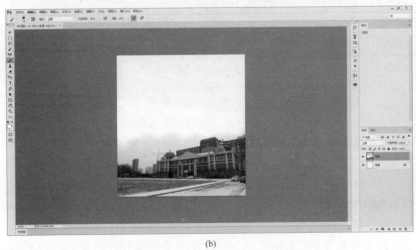

(b)

图 2-41　涂抹混色直至画布与地景渐变融合

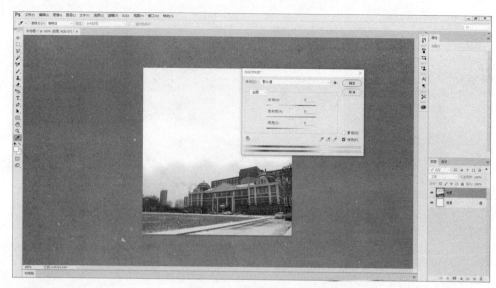

图 2-42　降低图片饱和度

图 2-43　完成天空的编辑

（4）添加人物：如图 2-45 所示，将主要人物素材拖入画布，设置图层不透明度为70%，按上方设置地景效果方式进行柔边处理，使人物与背景重合，同时，适当对人物的方向进行水平翻转。

如图 2-46 所示，主体人物略微提高饱和度，本文以 20% 为例。

（5）添加海报文字：如图 2-47 所示，单击工具栏文字工具 T，调整字体、字色和文字效果。

（6）添加海报标题文字：如图 2-48 所示，使用大字体和比较显眼的特效制作海报大标题。

图 2-44 为海报增加做旧效果

图 2-45 拖入并处理海报上的人物

（7）保存文件：单击"文件"菜单，选择"存储为"选项，选择合适的路径保存处理完成的图片并给文件重命名。

7. 拓展实验

（1）使用 Photoshop 实现 3D 字体的制作。
（2）使用 Photoshop 模仿制作演唱会海报。

8. 思考题

制作海报时给各图层添加蒙版的作用是什么？

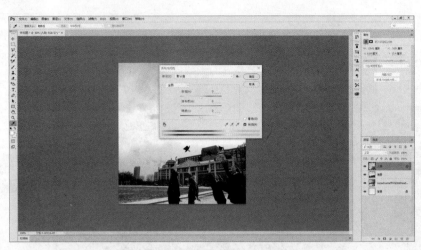

图 2-46　拖入并编辑主体人物

图 2-47　添加海报文字

图 2-48　添加海报的标题文字

第3章

图形文件的处理与制作

3.1 知识重点

通过本章多媒体技术的学习与实践,读者应扎实掌握以下重点内容:

(1) 图形文件的创建、打开、修改、保存的操作。

(2) Illustrator 软件的基本操作。

(3) JPEG、PNG、GIF 图像文件格式的特点。

3.2 实验资料

1. 相关知识点

(1) JPEG:是 Joint Photographic Experts Group(联合图像专家小组)的缩写,是第一个国际图像压缩标准。JPEG 图像压缩算法能够在提供良好的压缩性能的同时,具有比较好的重建质量,被广泛应用于图像、视频处理领域。人们日常碰到的".jpeg"".jpg"等指代的是图像数据经压缩编码后在媒体上的封存形式,不能与 JPEG 压缩标准混为一谈。

(2) PNG:图像文件存储格式,其设计目的是试图替代 GIF 和 TIFF 文件格式,同时增加一些 GIF 文件格式所不具备的特性。PNG 的名称来源于"可移植网络图形格式(Portable Network Graphic Format,PNG)",也有一个非官方的解释"PNG's Not GIF",是一种位图文件(Bitmap File)存储格式,读作"ping"。PNG 用来存储灰度图像时,灰度图像的深度可到 16 位,存储彩色图像时,彩色图像的深度可多到 48 位,并且还可存储多到 16 位的 α 通道数据。PNG 使用从 LZ77 派生的无损数据压缩算法,一般应用于 Java 程序、网页或 S60 程序中,原因是它压缩比高,生成文件体积小。

(3) GIF:GIF(Graphics Interchange Format)的原义是"图像互换格式",是 CompuServe 公司在 1987 年开发的图像文件格式。GIF 文件的数据,是一种基于 LZW 算法的连续色调的无损压缩格式。其压缩率一般在 50% 左右,它不属于任何应用程序。GIF 格式可以存多幅彩色图像,如果把存于一个文件中的多幅图像数据逐幅读出并显示到屏幕上,就可构成一种最简单的动画。

2. 相关工具

(1) Microsoft Office PowerPoint:是微软公司的演示文稿软件。用户可以在投影仪或者计算机上进行演示,也可以将演示文稿打印出来,制作成胶片,以便应用到更广泛的领域中。利用 Microsoft Office PowerPoint 不仅可以创建演示文稿,还可以在互联网上召开面对面会议、远程会议或在网上给观众展示演示文稿。演示文稿的格式后缀名为 ppt、pptx;或者也可以保存为 pdf、图片格式等。2010 及以上版本中可保存为视频格式。演示文稿中的每一页就叫幻灯片,每张幻灯片都是演示文稿中既相互独立又相互联系的内容。

(2) Adobe Illustrator:是一种应用于出版、多媒体和在线图像的工业标准矢量插画的软件,作为一款非常优秀的矢量图形处理工具,Adobe Illustrator 广泛应用于印刷出版、海报书籍排版、专业插画、多媒体图像处理和互联网页面的制作等,也可以为线稿提供较高的精度和控制,适合任何小型设计到大型的复杂项目。

3.3 实验项目:初识矢量图

1. 实验名称

初识矢量图。

2. 实验目的

了解矢量图形文件的格式与特点。

3. 实验类型

基础型。

4. 实验环境

(1) 接入互联网、预装 Windows 操作系统的计算机。
(2) PowerPoint 软件。

5. 实验内容

(1) 使用 PowerPoint 软件新建形状,并观察其特性。
(2) 将新建形状保存为 EMF 格式文件,并观察其质量与大小。

6. 参考流程

(1) 使用 PowerPoint 软件新建形状,并观察其特性。
① 创建空白演示文稿:运行 PowerPoint 2016,如图 3-1 所示,单击"空白演示文稿"

以创建一个空白的演示文稿。

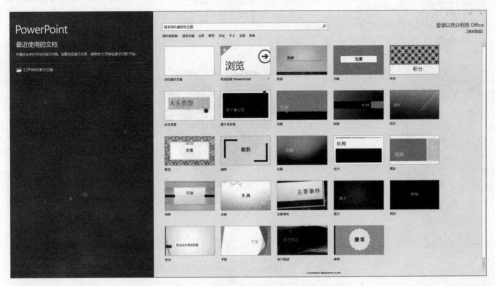

图 3-1　创建空白演示文稿

　　② 新建图形：单击任务栏"插入"菜单，选择弹出工具栏中的"形状"选项，如图 3-2 所示，选择合适的图形，如图 3-3 所示，在空白文稿适当位置单击并长按鼠标进行拖动已完成图形的定位和大小控制。

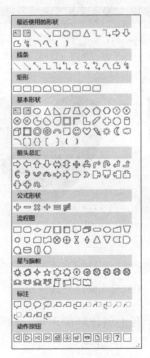

图 3-2　图形选择窗口

图 3-3　在合适位置完成图形的插入

（2）将新建形状保存为 JPEG 与 EMF 格式文件，并观察其质量与大小。

① 另存为 JPEG 格式文件：右击创建好的图形，选择"另存为图片"选项，如图 3-4 所示，选择合适的路径并重命名以保存创建好的图形文件。设置保存类型为"JPEG 文件交换格式（ * .jpg）"。

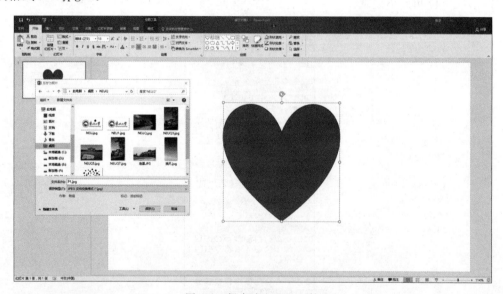

图 3-4　保存为 JPEG 文件

② 另存为 EMF 格式文件：右击创建好的图形，选择"另存为图片"选项，如图 3-5 所示，选择合适的路径并重命名以保存创建好的图形文件，并设置保存类型为"增强型 Windows 原文件（ * .emf）"。

③ 比较两种格式文件：根据先前保存两种不同格式图形文件的路径找到文件所在

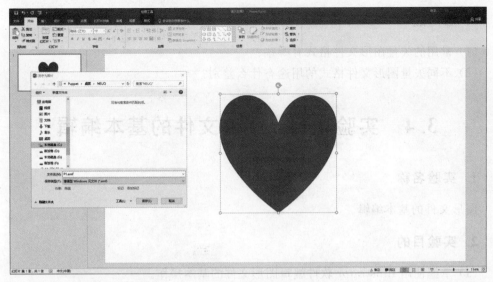

图 3-5　保存为 EMF 文件

文件夹,通过画图软件分别打开两个文件,如图 3-6 所示,比较发现,EMF 文件的像素为
"2584＊2538 像素",而 JPEG 文件的像素为"645＊634 像素"。比较两种文件大小,EMF
文件为 1.5KB,JPEG 文件为 20.9KB。

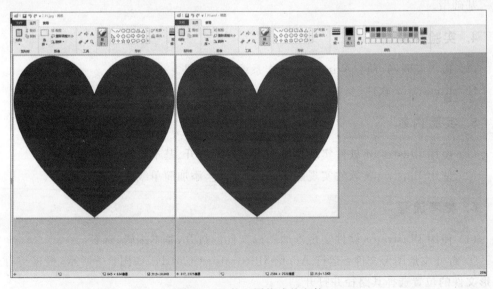

图 3-6　比较不同格式的文件

7. 拓展实验

(1) 使用 Excel 软件构建复杂的数据图表,并观察其特性。
(2) 使用 Visio 软件构建复杂的图形组合,并观察其特性。

8. 思考题

(1) 常用的矢量图形文件格式有哪些？

(2) 不同矢量图形文件格式的用途有什么差别？

3.4 实验项目：图形文件的基本编辑

1. 实验名称

图形文件的基本编辑。

2. 实验目的

(1) 掌握使用 Illustrator 软件编辑图形文件的基本操作。

(2) 了解网格、画笔、渐变、混合工具的使用与概念。

(3) 了解不同图形文件的格式与特点。

3. 实验类型

基础型。

4. 实验环境

(1) 接入互联网、预装 Windows 操作系统的计算机。

(2) Illustrator 软件。

5. 实验内容

(1) 使用 Illustrator 软件实现本地图形文件的打开、基本编辑、保存。

(2) 使用 Illustrator 软件实现图形文件的新建、添加简单线条与图案。

6. 参考流程

(1) 使用 Illustrator 软件实现本地图形文件的打开、基本编辑、保存。

① 打开本地图形文件：运行 Adobe Illustrator CC 2017，如图 3-7 所示，根据待打开图形文件的位置选择其路径并打开。

② 放大图形：如图 3-8 所示，单击工具栏选择工具 ▷，在画板上拖动使画板上所有图形被圈入选定范围，拖动图形外围矩形边界框来放大图形(按住 Shift 拖动时可保持原尺寸比例)，从而完成基本的图形编辑。

③ 保存图形：如图 3-9 所示，单击任务栏中的"文件"菜单，单击下拉菜单"存储"以完成图形文件的保存。

(2) 使用 Illustrator 软件实现图形文件的新建、添加简单线条与图案。

图 3-7　通过 Illustrator 打开本地文件

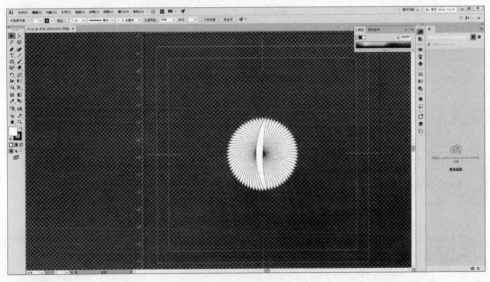

图 3-8　放大图形

① 新建图形文件：运行 Adobe Illustrator CC 2017，如图 3-10 所示，单击"新建"按钮，根据需要对文件进行命名，设置画板大小、方向及颜色模式等。待全部设置完成后，单击"创建"按钮以完成空白画板的创建。

② 添加简单的线条：如图 3-11 所示，单击左下角 ▓▓▓ 100% ▓ 处调整显示比例到最佳的显示创作视角，单击左侧工具栏可切换到线条工具 ▨（长按右下角可切换不同样式的线条工具，包括直线段、弧形、螺旋线、矩形网格、极坐标网格等）。上方工具栏可以设置线条的粗细、不透明度等属性。在空白画板合适位置单击并长按拖动调整其长度大小，直到其长度大小合适时松开鼠标，完成线条的添加。

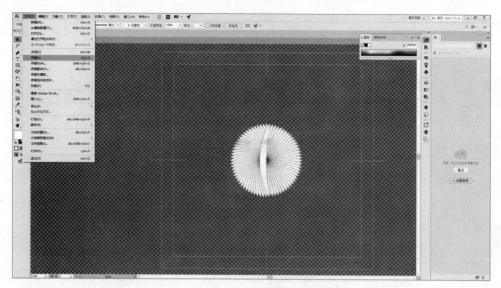

图 3-9　保存图形

图 3-10　新建图形文件

③ 添加简单的图案：如图 3-12 所示，单击左侧工具栏可切换到图形工具▢（长按右下角可切换不同样式的图形工具，包括矩形、圆角矩形、椭圆、多边形、星形、光晕等）。在空白画板合适位置单击并长按拖动调整其大小，直到其大小合适时松开鼠标，完成图案的添加。

④ 保存图形文件：单击任务栏中的"文件"菜单，选择"存储"选项，如图 3-13 所示，在弹出窗口选择合适的路径供放置完成的图形文件并对文件进行重命名。单击"保存"按钮后，在弹出的 Illustrator 选项窗口选择版本为 Illustrator CC，并单击"确定"按钮完成保存。

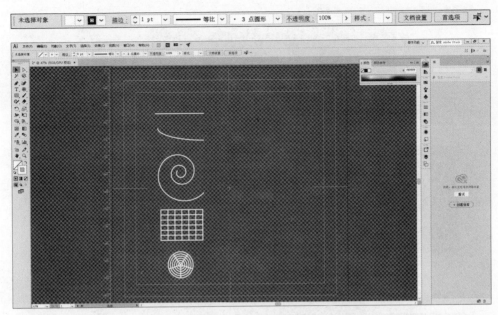

图 3-11　添加简单的线条

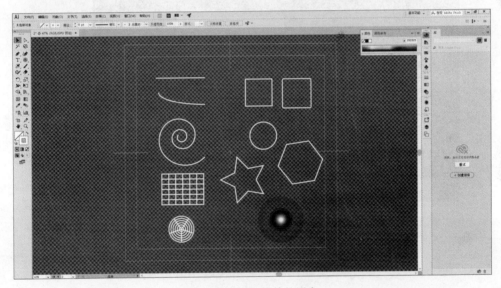

图 3-12　添加简单的图案

7. 拓展实验

使用 Photoshop 软件将 Illustrator 软件制作的矢量图栅格化，并比较区别。

8. 思考题

（1）矢量图相比于位图的体积差异原因是什么？

（2）矢量图与位图是否可以互相转化？

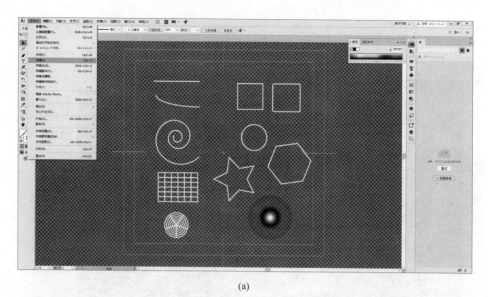

(a)

(b)

图 3-13　保存图形文件

3.5　实验项目：图形文件的高级编辑

1. 实验名称

图形文件的高级编辑。

2. 实验目的

（1）掌握使用 Illustrator 软件编辑图形文件的高级操作。

（2）进一步了解矢量图文件的特点与典型应用。

3．实验类型

提高型。

4．实验环境

（1）接入互联网、预装 Windows 操作系统的计算机。
（2）Illustrator 软件。

5．实验内容

（1）使用 Illustrator 软件实现门牌的制作。
（2）使用 Illustrator 软件实现卡通图形的制作。
（3）使用 Illustrator 软件实现标志的制作。

6．参考流程

（1）使用 Illustrator 软件实现门牌的制作。

① 新建图形文件：运行 Adobe Illustrator CC 2017，如图 3-14 所示，单击"新建"按钮，根据需要对文件进行命名，设置画板大小、方向及颜色模式等。待全部设置完成后，单击"创建"按钮以完成空白画板的创建。

图 3-14　新建图形文件

② 描绘门牌 1/4 形状：单击左侧工具栏中的钢笔工具，如图 3-15 所示，在空白画板上单击建立钢笔起笔锚点，移动鼠标再次单击确定线段终点锚点，完成一条直线的绘制。继续绘制时，选择好终点锚点后长按鼠标左键以拖动辅助线，可以达到使用钢笔绘制平滑的曲线的效果。完成后按 Esc 键退出单次钢笔作图。继续使用钢笔，将第二象限内的门牌形状制作成为封闭图形。

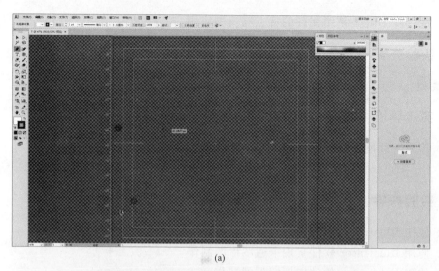

(a)

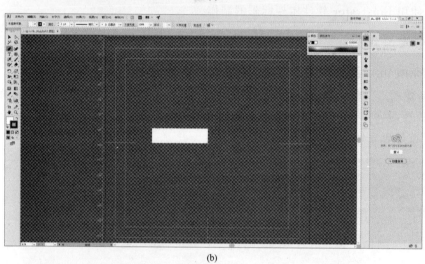

(b)

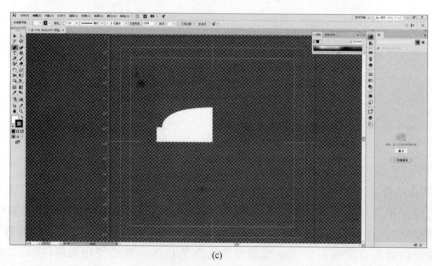

(c)

图 3-15　描绘门牌 1/4 形状

多媒体技术及实践

③ 利用对称完成外形制作：用选择工具选中第二象限内的门牌图形，如图 3-16 所示，右击以调出下拉菜单，选择"变换"→"对称"选项，如图 3-17 所示，在弹出的镜像窗口中，默认当前设置，单击"复制"以创建对称后的图形，并拖动新图形到第一象限使之边界与第二象限图形完全重合，如图 3-18 效果。

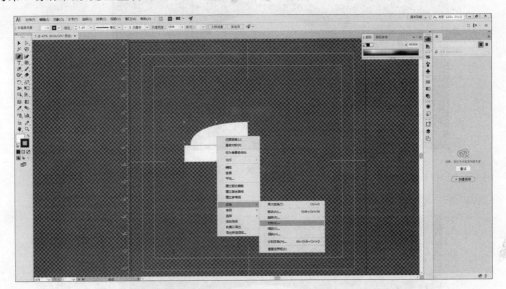

图 3-16　选择"变换"→"对称"选项

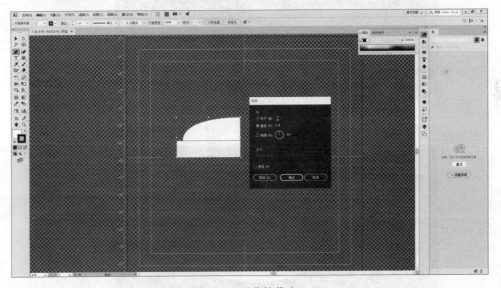

图 3-17　对称镜像窗口

重复上述操作，通过选择工具选中第一象限、第二象限的图形，使用水平对称，拖动两个新图形分别到第四、第三象限并使得其边界与第一、第二象限图形完全重合，如图 3-19 效果。

④ 描绘门牌有色外框：选择钢笔工具，调整外框颜色为蓝色，内部默认白色，

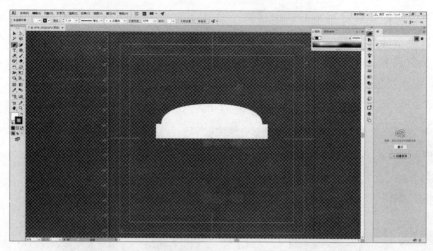

图 3-18 利用对称完成第一象限对称面的制作

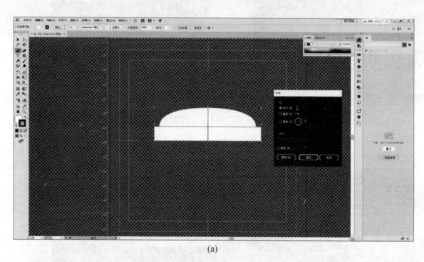

(a)

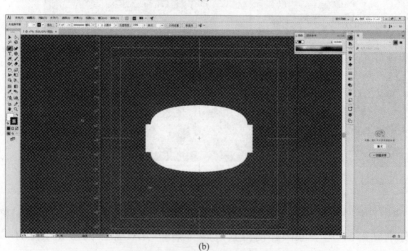

(b)

图 3-19 利用对称完成外形制作

将线条宽度略微调宽 描边: $3pt$,如图 3-20 所示,沿原门牌外框路径在其内部描绘一个封闭的有色外框,效果如图 3-20 所示。

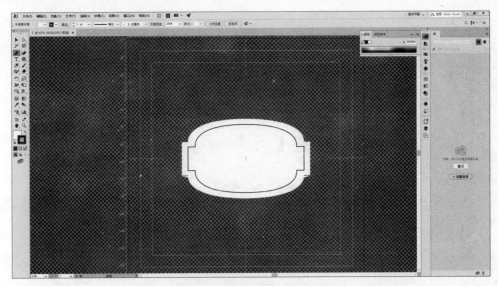

图 3-20　描绘门牌有色外框

⑤ 添加文字:单击左侧工具栏文字工具 T ,在门牌中选择合适的位置拖动制作文本框并输入门牌号。分别调整字体 字符: 黑体 、字号 $100pt$ 、字色 □,并调整文本框位置以达到最好的效果。如图 3-21 所示,完成门牌的制作。

图 3-21　为门牌添加文字

⑥ 保存图形文件:单击任务栏"文件"菜单,在下拉菜单中选择"存储"选项,如图 3-22 所示。在弹出的窗口中选择合适的路径供放置完成的图形文件并对文件进行重

命名。单击"保存"按钮后,在弹出的 Illustrator 选项窗口选择版本为 Illustrator CC,并单击"确定"按钮完成保存。

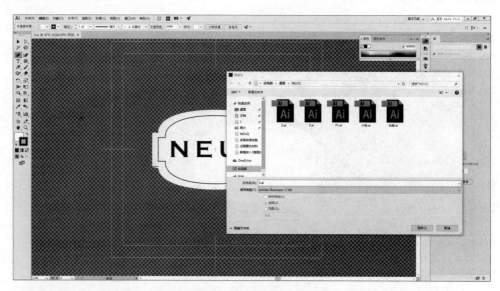

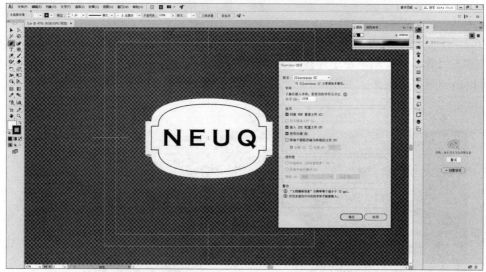

图 3-22　保存图形文件

（2）使用 Illustrator 软件实现卡通图形的制作。

① 新建图形文件：运行 Adobe Illustrator CC 2017,单击"新建"按钮,如图 3-23 所示,根据需要对文件进行命名,设置画板大小、方向及颜色模式等。待全部设置完成后,单击"创建"按钮以完成空白画板的创建。

② 置入原图：单击任务栏"文件"菜单,在下拉菜单中选择"置入",如图 3-24 所示,将原图 JPEG 文件置入到画板上供临摹。

③ 描绘外形：如图 3-25 所示,用钢笔工具沿着原图的外形描绘出小鸟的外形。直接

图 3-23　新建图形文件

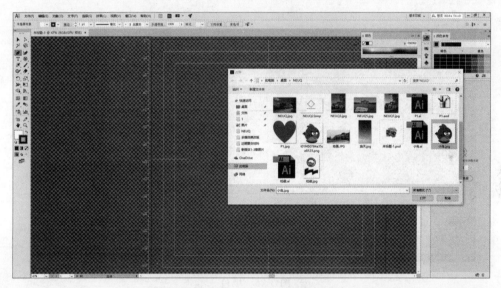

图 3-24　置入供临摹的原图

在原图上方描边,完成后将底部原图用鼠标拖出。

④ 填色:如图 3-26 所示,用鼠标及 Shift 键配合连续选中一系列线条使选中一个封闭图形,单击吸色工具 在原图该位置吸色,以完成颜色抓取和填充。

由于 Adobe Illustrator 中钢笔轨迹连接而成的封闭图形具有层次性,需要根据具体情况调整各个颜色层的前后顺序性。具体方法是:如图 3-27 所示,右击该颜色层,在"排列"的下拉菜单中选择具体排列。

⑤ 完善细节:如图 3-28 所示,利用钢笔、椭圆工具等继续完善小鸟的细节,继而完成绘制。

图 3-25   用钢笔工具描绘外形

图 3-26   填色

⑥ 删除原图：如图 3-29 所示，选中原图，单击任务栏的"编辑"菜单，在下拉菜单中选择"清除"选项。

⑦ 保存图形文件：单击任务栏中的"文件"菜单，在下拉菜单中选择"存储"选项，如图 3-30 所示。在弹出窗口中选择合适的路径供放置完成的图形文件并对文件进行重命名。单击"保存"后，在弹出的 Illustrator 选项窗口选择版本为 Illustrator CC，并单击"确定"按钮完成保存。

（3）使用 Illustrator 软件实现标志的制作。

① 新建图形文件：运行 Adobe Illustrator CC 2017，如图 3-31 所示，单击"新建"按

图 3-27　调整颜色层的顺序

图 3-28　继续完善细节

钮,根据需要对文件进行命名,设置画板大小、方向及颜色模式等。待全部设置完成后,单击"创建"按钮以完成空白画板的创建。

②　置入原图:单击任务栏中的"文件"菜单,在下拉菜单中选择"置入"选项,如图 3-32 所示,将原图 JPEG 文件置入到画板上供临摹。

③　描绘外形:如图 3-33 所示,用钢笔工具沿着原图的外形描绘出标志的外形。直接在原图上方描边,完成后将底部原图用鼠标拖出。

④　填色:如图 3-34 所示,用鼠标及 Shift 键配合连续选中一系列线条使选中一个封闭图形,单击吸色工具，在原图该位置吸色,以完成颜色抓取和填充。

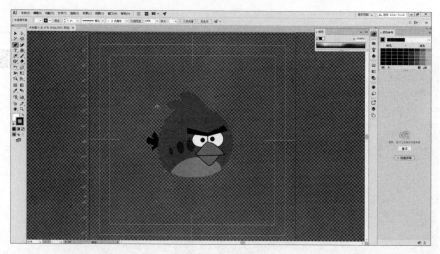

图 3-29　删除原图

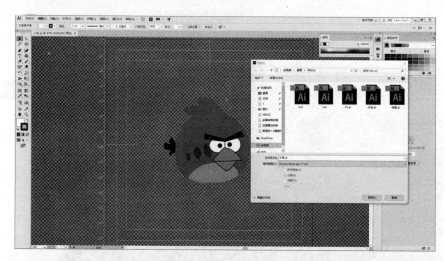

图 3-30　保存图形文件

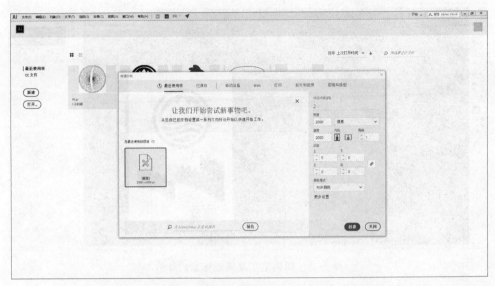

图 3-31　新建图形文件

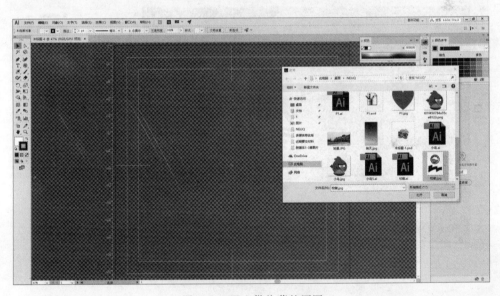

图 3-32　置入供临摹的原图

⑤ 删除原图：如图 3-35 所示，选中原图，单击任务栏中的"编辑"菜单，在下拉菜单中选择"清除"选项。

⑥ 保存图形文件：单击任务栏中的"文件"菜单，在下拉菜单中选择"存储"选项，如图 3-36 所示。在弹出的窗口选择合适的路径供放置完成的图形文件并对文件进行重命名。单击"保存"按钮后，在弹出的 Illustrator 选项窗口选择版本为 Illustrator CC，并单击"确定"按钮完成保存。

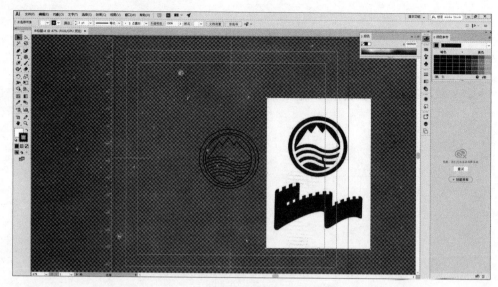

图 3-33　用钢笔工具描绘标志的外形

图 3-34　填色

7. 拓展实验

(1) 基于简单图案的位图制作其对应的矢量图,并比较区别。

(2) 使用画板工具、符号工具、刻刀工具等进一步提高矢量图的制作效果。

8. 思考题

(1) 矢量图与位图在色彩表现上有什么异同?

(2) 生活中矢量图的典型应用有哪些?

图 3-35　删除原图

图 3-36　保存图形文件

第4章

音频文件的处理与制作

4.1 知 识 重 点

通过本章多媒体技术的学习与实践,读者应扎实掌握以下重点内容:

(1) 音频文件的常见格式与特点。

(2) 音频文件的编辑工具与编辑方法。

(3) Audition 软件的基本功能与使用。

(4) 音频片段多媒体文件的制作。

4.2 实 验 资 料

1. 相关知识点

(1) WAVE:WAVE 是微软公司开发的一种声音文件格式,它符合 PIFFResource Interchange File Format 文件规范,用于保存 Windows 平台的音频信息资源,被 Windows 平台及其应用程序所支持。.WAV 格式支持 MSADPCM、CCITT A-law 等多种压缩算法,支持多种音频位数、采样频率和声道,标准格式的 WAV 文件和 CD 格式一样,也是 44.1kHz 的采样频率,速率为 88KB/s,16B 量化位数,WAV 格式的声音文件质量和 CD 格式相差无几,也是目前 PC 上广为流行的声音文件格式,几乎所有的音频编辑软件都"认识"WAV 格式。

(2) MP3:MP3 是 MPEG Audio Layer 3 的简写,是目前广泛使用的、最为流行的一种音乐格式,MP3 的压缩率高达 10:1~12:1,同时保持音质基本不失真。

(3) MIDI:MIDI 格式被音乐制作人广泛使用,MIDI 允许数字合成器和其他设备交换数据。MID 文件格式由 MIDI 继承而来。MID 文件并不是一段录制好的声音,而是记录声音的信息,然后在告诉声卡如何再现音乐的一组指令。这样一个 MIDI 文件每存 1 分钟的音乐只用大约 5~10KB。MID 文件主要用于原始乐器作品,流行歌曲的业余表演,游戏音轨以及电子贺卡等。.mid 文件重放的效果完全依赖声卡的档次。.mid 格式的最大用处是在计算机作曲领域。.mid 文件可以用作曲软件写出,也可以通过声卡的 MIDI

口把外接音序器演奏的乐曲输入计算机里,制成 .mid 文件。

(4) CD：CD 音频也是一种数字化的声音,其采样频率为 44.1kHz,量化位数为 16b,可以高质量地重现原始声音。

2. 相关工具

Adobe Audition：Audition 专为在照相室、广播设备和后期制作设备方面工作的音频和视频专业人员设计,可提供先进的音频混合、编辑、控制和效果处理功能。最多混合 128 个声道,可编辑单个音频文件,创建回路并可使用 45 种以上的数字信号处理效果。Audition 是一个完善的多声道录音室,可提供灵活的工作流程并且使用简便。无论是要录制音乐、无线电广播,还是为录像配音,Audition 中的恰到好处的工具均可为用户提供充足动力,以创造可能的最高质量的丰富、细微的音响。它是 CoolEdit Pro 2.1 的更新版和增强版。此汉化程序已达到 98% 的信息汉化程度。

Adobe Audition 3.0 软件界面 Adobe Audition 1.5 是 CoolEdit Pro 的升级。

Adobe Audition 1.5 软件提供专业化音频编辑环境。Adobe Audition 专门为音频和视频专业人员设计,可提供先进的音频混音、编辑和效果处理功能。Adobe Audition 具有灵活的工作流程,使用非常简单并配有绝佳的工具,可以制作出音质饱满、细致入微的高品质音效。

Adobe Audition 3.0 能满足用户个人录制工作室的需求：借助 Adobe Audition 3.0 软件,以前所未有的速度和控制能力录制、混合、编辑和控制音频。创建音乐,录制和混合项目,制作广播点,整理电影的制作音频,或为视频游戏设计声音。Adobe Audition 3.0 中灵活、强大的工具正是用户完成工作所需要的。改进的多声带编辑,新的效果,增强的噪声减少和相位纠正工具,以及 VSTi 虚拟仪器支持仅是 Adobe Audition 3.0 中的一些新功能,这些新功能为用户的所有音频项目提供了杰出的电源、控制、生产效率和灵活性。

Audition CS6 也可以配合 Premiere Pro CS5 编辑音频使用,其实从 Audition CS5 开始就取消了 MIDI 音序器功能,而且也推出苹果平台 MAC 的版本,可以和 PC 平台互相导入导出音频工程,相比 Audition CS5 版,Audition CS6 还完善各种音频编码格式接口,比如已经支持 FLAC 和 APE 无损音频格式的导入和导出以及相关工程文件的渲染(不过 ape 导入还存在 bug,有崩溃的可能性)。新版本的 Audition CS6 还支持 VST3 格式的插件,相比 VST2,Audition CS6 加入对 VST3 的支持可以更好地分类管理效果器插件类型以及统一的 VST 路径,比如 Audition CS6 调用 waves 的插件包不再像以前那样几百个效果器排一大串菜单让人难以找到其中一个插件,而是根据动态、均衡、混响、延时等类别自动分类子菜单管理了。Audition CS6 的其他新特性,比如自动音高识别、高清视频支持、更完善的自动化等,可在软件官网查看介绍。Audition CS6 目前没有官方简体中文版,但是已经有汉化版本。

4.3 实验项目：音频文件的简单编辑

1. 实验名称

音频文件的压缩与格式转换。

2. 实验目的

（1）掌握 Audition 软件的基本操作。
（2）掌握音频文件的格式转换方法。
（3）掌握音频文件的压缩方法。

3. 实验类型

基础型。

4. 实验环境

（1）接入互联网、预装 Windows 操作系统的计算机。
（2）Audition 软件。

5. 实验内容

（1）音频文件的片段截取与格式转换。
（2）人声的录入。

6. 参考流程

（1）音频文件的片段截取与格式转换。
① 运行软件：运行 Audition，进入 Audition 工作界面（如图 4-1 所示）。

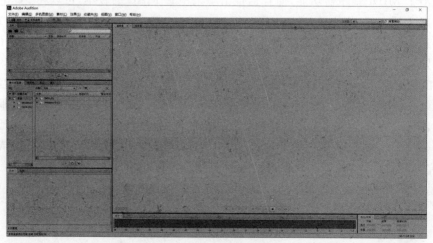

图 4-1　Audition 工作界面

② 打开音频文件：选择"文件"→"打开"命令，如图 4-2 所示，打开"校歌-我要飞.mp3"。

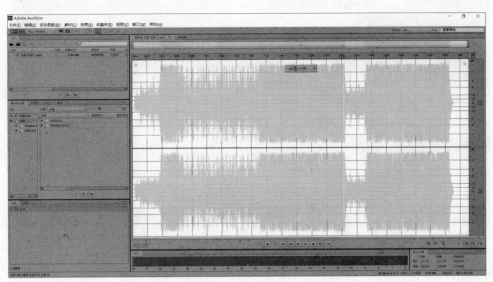

图 4-2　打开 MP3 文件后的工作界面

③ 截取片段音频文件：如图 4-3 所示，用鼠标按住左键选中任意部分音频片段，右击，选择"复制为新文件"选项。

图 4-3　截取并复制音频片段

④ 音频格式的转化：选择"文件"→"导出"→"文件"命令进入导出文件界面，如图 4-4 所示，选择"格式"命令后选择一个合适的格式再单击"确定"按钮。

（2）人声的录入。

① 进入多轨混音界面：运行 Audition 进入软件主界面，单击"多轨混音"进入多轨混

图 4-4　转化音频文件的格式

音界面,如图 4-5 所示。

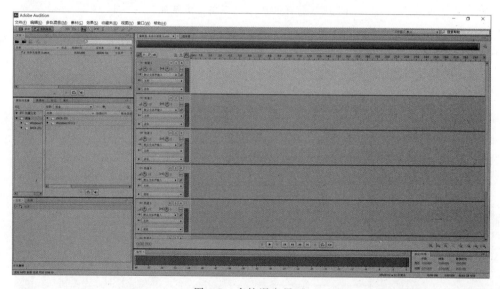

图 4-5　多轨混音界面

② 开始录制人声:如图 4-6 所示,单击轨道 1 上面的▣键再单击⬤开始录入人声再次单击▣键录制结束。

7. 拓展实验

(1) 编辑伴奏和人声合成一段音乐。

(2) 对音频进行降噪处理。

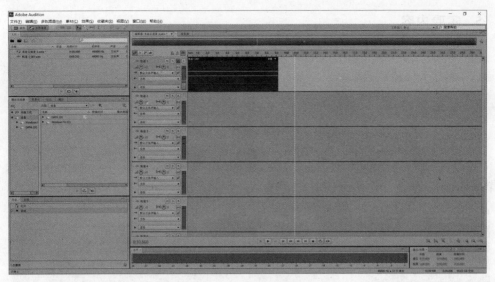

图 4-6　录制人声

8. 思考题

(1) WAV 格式文件和 MP3 文件有何区别?

(2) 还有哪些导入音频文件的方式?

4.4　实验项目:音频文件的高级编辑与制作

1. 实验名称

音频文件的高级编辑与制作。

2. 实验目的

(1) 掌握 Audition 软件的各类工具。

(2) 掌握高级音频模板的使用与编辑。

(3) 掌握音频特效的使用与编辑。

3. 实验类型

提高型。

4. 实验环境

(1) 接入互联网、预装 Windows 操作系统的计算机。

(2) Audition 软件。

5．实验内容

（1）播放节奏的调整。

（2）制造大厅播放效果。

6．参考流程

（1）播放节奏调整

① 打开音频文件：如图 4-7 所示，进入软件主界面，导入"校歌-我要飞.mp3"，并进入单轨编辑模式。

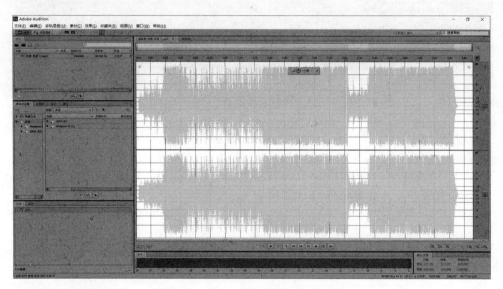

图 4-7　打开音频文件

② 加速节奏：先按住鼠标左键选择一部分音频片段，再选择"效果"→"时间与变调"→"伸缩与变调"命令，如图 4-8 所示，在"预设"中选择"加速"命令，单击 ▶ 预览效果，最后单击"确定"按钮。

（2）制造大厅播放效果。

① 打开音频文件：如图 4-9 所示，进入软件主界面，导入"校歌-我要飞.mp3"，并进入单轨编辑模式。

② 选择音频片段：如图 4-10 所示，按 Ctrl＋A 组合键，选中全部波形。

③ 添加效果：选择"效果"→"延迟与回声"→"延迟"命令，如图 4-11 所示，在"预设"中选择"空间回声"命令合理调节左右声道的延迟时间后单击"确定"按钮。

7．拓展实验

（1）音频包络曲线对声音的控制。

（2）使用自动控制曲线。

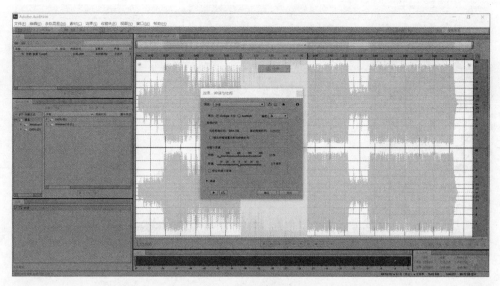

图 4-8　加速节奏

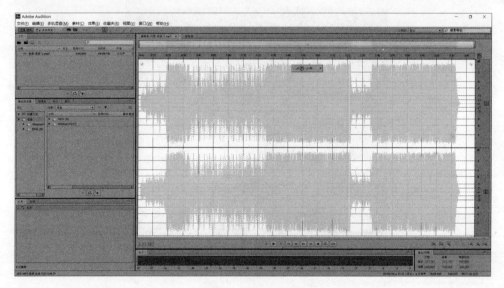

图 4-9　打开音频文件

8. 思考题

什么是音频包络？

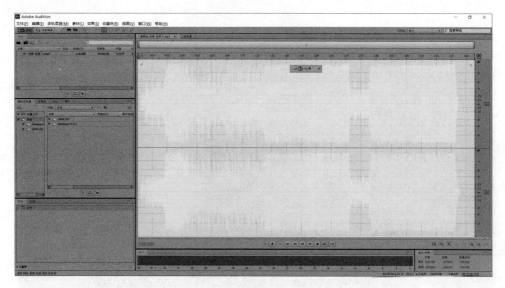

图 4-10　选择音频片段

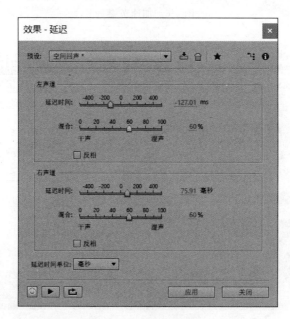

图 4-11　添加效果

4.5　实验项目：音频文件的综合编辑

1. 实验名称

音频文件的综合编辑。

2. 实验目的

（1）掌握 Audition 软件的各类工具。
（2）掌握高级音频模板的使用与编辑。
（3）掌握音频特效的使用与编辑。

3. 实验类型

综合型。

4. 实验环境

（1）接入互联网、预装 Windows 操作系统的计算机。
（2）Audition 软件。

5. 实验内容

（1）使用音频包络曲线做出淡入淡出的效果。
（2）音频降噪处理。

6. 参考流程

（1）使用音频包络曲线做出淡入淡出的效果。

① 打开音频文件：如图 4-12 所示，进入软件主界面，导入"校歌-我要飞.mp3"，单击 多轨混音 切换到多规模式下。

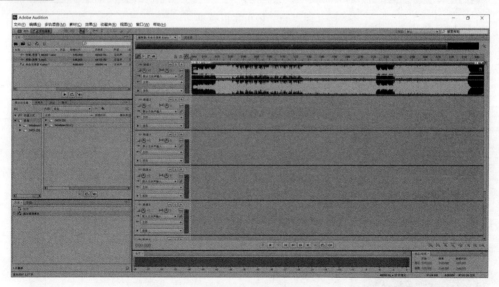

图 4-12　打开音频文件

② 做出淡入效果：在包络曲线音量线前段用鼠标单击出几个点，如图 4-13 所示，选中其中任意一个点右击选择"曲线"，用鼠标拖动各个点调节出如图 4-13 所示的大致曲线。

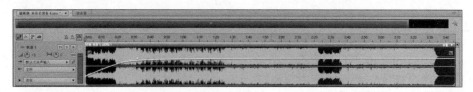

图 4-13　做出淡入效果

③ 做出淡出效果：在包络曲线音量线后段用鼠标单击出几个点，如图 4-14 所示，选中其中任意一个点右击，选择"曲线"命令，用鼠标拖动各个点调节出如图 4-14 所示的大致曲线。

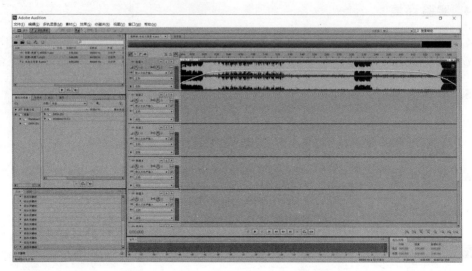

图 4-14　做出淡出效果

（2）音频降噪处理。

① 打开音频文件：如图 4-15 所示，进入软件主界面，导入一段录音。

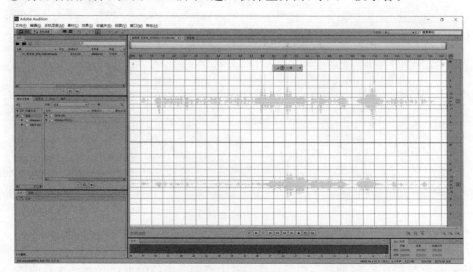

图 4-15　导入录音

　多媒体技术及实践

② 调整波形的形状：单击右下方的几个放大镜形的按钮调整波形的形状和大小，如图 4-16 所示。

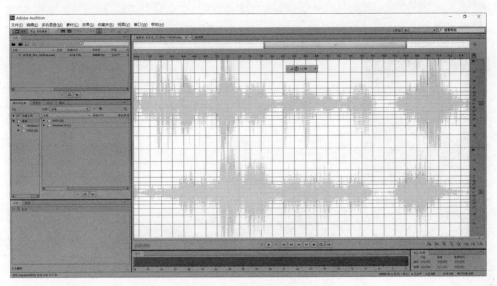

图 4-16　调整波形的形状

③ 标准化音频：如图 4-17 所示，按住 Ctrl＋A 组合键选中所有音频，单击"收藏夹"→"标准化-0.1 dB"选项。

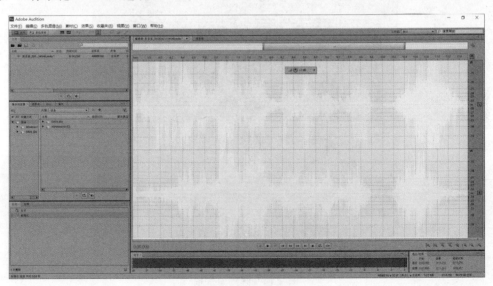

图 4-17　标准化音频

④ 捕捉噪声样本：如图 4-18 所示，选中一段噪声，右击，选择"捕捉噪音样本"命令。

⑤ 打开降噪对话框：如图 4-19 所示，选择"效果"→"降噪/恢复"→"降噪（处理）"命令。

⑥ 对整个音频文件降噪：如图 4-20 所示，在降噪处理对话框中选择"选择完成文件"→"应用"命令。

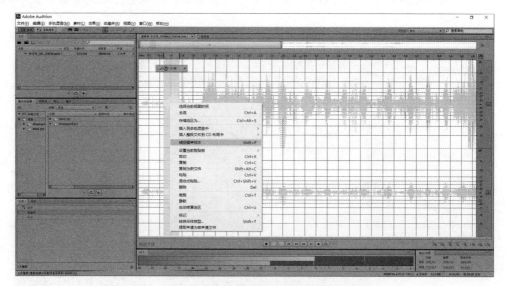

图 4-18　捕捉噪音样本

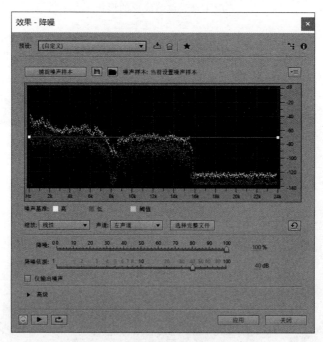

图 4-19　降噪对话框

7. 拓展实验

（1）提取歌曲伴奏。

（2）变调与声调提取制作和声。

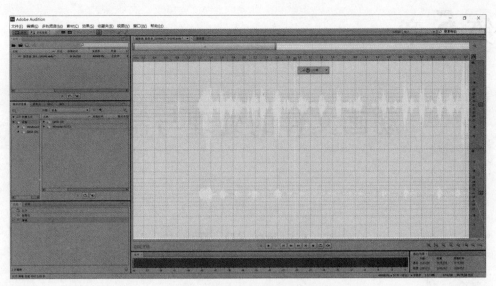

图 4-20　对整个音频文件降噪

8. 思考题

Audition 是怎样进行降噪处理的？

第5章

动画文件的处理与制作

5.1 知识重点

通过本章多媒体技术的学习与实践,读者应扎实掌握以下重点内容:

(1) 动画文件的常见格式与特点。

(2) 动画文件的编辑工具与编辑方法。

(3) Flash 的基本功能与使用。

5.2 实验资料

1. 相关知识点

(1) GIF:GIF 是一种图像文件格式,GIF 格式可以存储多幅彩色图像,如果把存于一个文件中的多幅图像数据逐幅读出并显示到屏幕上,就可构成一种最简单的动画。

(2) SWF:SWF 是动画设计软件 Flash 的专用格式,通常也被称为 Flash 文件。SWF 文件可以用 Adobe Flash Player 软件打开,浏览器必须安装 Adobe Flash Player 插件。

2. 相关工具

(1) Photoshop CC:Photoshop CC 是 Adobe Systems 开发和发行的图像处理软件,主要处理由像素所构成的数字图像。在 Photoshop CS6 功能的基础上,Photoshop CC 新增了相机防抖动功能、Camera RAW 功能改进、图像提升采样、属性面板改进、Behance 集成等功能,以及 Creative Cloud 即云功能。

(2) Flash:Flash 是一种集动画创作与应用程序开发于一身的创作软件,广泛用于创建吸引人的应用程序,它们包含丰富的视频、音频、图形和动画。设计人员和开发人员可使用它来创建演示文稿、应用程序和其他允许用户交互的内容。Flash 可以包含简单的动画、视频内容、复杂演示文稿和应用。

5.3 实验项目：GIF 动画文件的制作

1. 实验名称

运用 Photoshop CC 制作 GIF 动画文件。

2. 实验目的

(1) 掌握 GIF 文件的制作方法。
(2) 熟悉 Photoshop CC 时间轴等工具的使用。

3. 实验类型

基础型。

4. 实验环境

(1) 接入互联网、预装 Windows 操作系统的计算机。
(2) Photoshop CC 软件。

5. 实验内容

小树生长 GIF 文件制作。

6. 参考流程

小树生长 GIF 文件制作：
(1) 运行软件：运行 Photoshop CC 软件，如图 5-1 所示，进入软件主界面。

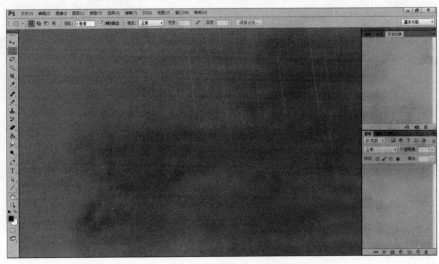

图 5-1　Photoshop CC 主界面

（2）打开文件：单击软件左上角文件按钮选择打开，进入文件选择页面，如图 5-2 所示，选择要打开的文件，选定文件后单击"打开"按钮打开文件。

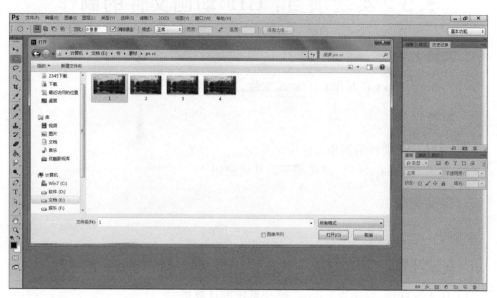

图 5-2　打开文件

（3）改变文件大小：如图 5-3 所示，在主菜单中单击图像按钮，选择画布大小，将画布长与宽修改成一个确定值，修改完单击"确定"按钮。

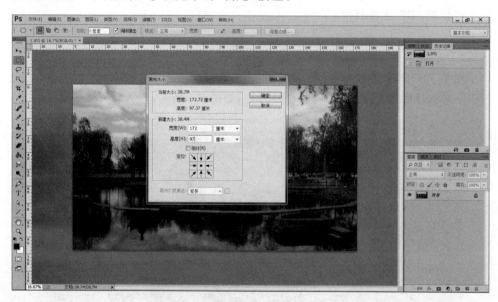

图 5-3　改变文件大小

（4）存储图片：如图 5-4 所示，单击主菜单"文件"菜单选择"存储"命令。重复步骤（2）、步骤（3），将所有图片文件改成相同的大小。完成后关闭其他文件窗口，只保留第一个文件窗口。

图 5-4　存储图片

（5）置入图片：如图 5-5 所示，单击主菜单"文件"菜单并选择"置入"命令，进入文件选择界面，选择第二张图片，单击"置入"按钮，图片打开后按 Enter 键确认置入，辅助框消失。

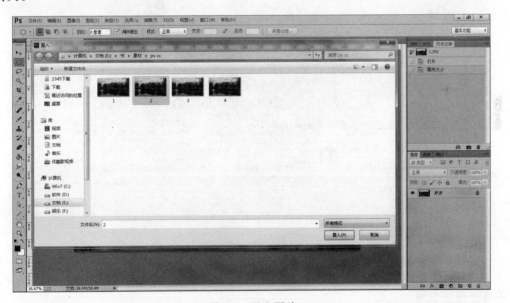

图 5-5　置入图片

（6）置入多个图片：如图 5-6 所示，重复步骤（5），将制作的 GIF 图片文件全部置入，使每一张图片成为一个图层。

（7）打开时间轴：如图 5-7 所示，单击主菜单"窗口"菜单选择"时间轴"选项，在时间轴栏里单击▼选择创建帧动画。

图 5-6　置入多个图片

图 5-7　打开时间轴

（8）创建帧动画：如图 5-8 所示，单击"创建帧动画"按钮后单击⬛按钮复制帧动画，有几个图层就复制几帧。

（9）调整图层：如图 5-9 所示，选中时间轴第一帧，将除背景图层外的其他图层隐藏，即单击图层前的👁按钮将其关闭，只保留第一个图层前的按钮，第二帧对应第二个图片图层，第三帧对应第三个图片图层，如此依次对应。

（10）修改时间：如图 5-10 所示，选择每一帧下的时间选项，改变每一帧的播放时间。

（11）保存文件：单击主菜单栏"文件"菜单选择"存储为 Web 所用格式"，如图 5-11

图 5-8　创建帧动画

图 5-9　调整图层

所示,弹出设置窗口,在右上角选择 GIF 格式,将右下角的"循环"改为"永远",单击"存储"按钮,选择 GIF 文件保存位置。

(12) 检查文件:关闭 Photoshop CC,如图 5-12 所示,在保存文件的文件夹里找到制作的 GIF 文件,打开检查文件能否正常播放。

7. 拓展实验

(1) 使用 Flash 软件制作相同动画比较两种方法的优缺点。

图 5-10　修改每一帧的播放时间

图 5-11　保存文件

（2）使用 GIFCON 软件制作相同动画比较两种方法的优缺点。

8. 思考题

（1）用 Photoshop CC 可以制作路径动画吗？

（2）用 Photoshop CC 能否实现两个动画同时播放？该怎样实现？

图 5-12　检查文件

5.4　实验项目：Flash 动画文件的基本编辑与制作

1. 实验名称

Flash 动画文件的基本编辑与制作。

2. 实验目的

（1）了解 Flash 动画的特色及基本原理。

（2）熟悉 Flash 软件的基本功能，初步掌握 Flash 动画的基本制作方法。

3. 实验类型

提高型。

4. 实验环境

（1）接入互联网、预装 Windows 操作系统的计算机。

（2）Adobe Flash 软件。

5. 实验内容

制作种子发芽的简单动画。

6. 拓展实验

（1）利用本软件制作一个路径动画。

（2）利用本软件制作一个形变动画。

7. 思考题

（1）如果希望连续播放动画该如何操作？

（2）相比较 GIF 文件来言，SWF 文件有什么不同？

8. 参考流程

制作种子发芽的简单动画：

（1）运行软件：如图 5-13 所示，运行 Flash 软件，进入软件主页面。

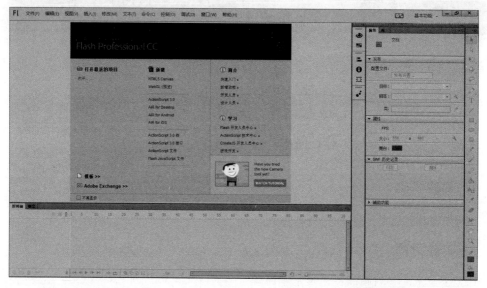

图 5-13　运行 Flash

　　（2）新建空白文档：根据所需选择新建何种文档，此处选择新建 ActionScript 3.0 文档，单击该选项进入制作页面，如图 5-14 所示。

　　（3）导入文件：单击主菜单"文件"菜单选择"导入"命令，如图 5-15 所示，选择"导入到库"打开文件选择对话框，选择制作种子发芽动画的素材图片，单击"打开"按钮。

　　（4）制作关键帧：如图 5-16 所示，打开页面右侧的库面板，将第一张图片选中，拖曳至工作面板内；选中时间轴面板第二帧，右击选择"插入关键帧"，将第 2 章图片拖入工作区，用同样的方法在第三、第四帧插入关键帧并拖入图片。

　　（5）调整帧频：如图 5-17 所示，单击主菜单"修改"菜单选择"文档"命令，打开对话框，将帧频调至合适范围。

　　（6）保存文件：如图 5-18 所示，单击主菜单"文件"菜单，选择"导出"→"导出影片"命令，打开对话框，选好文件存储位置后单击"保存"按钮。

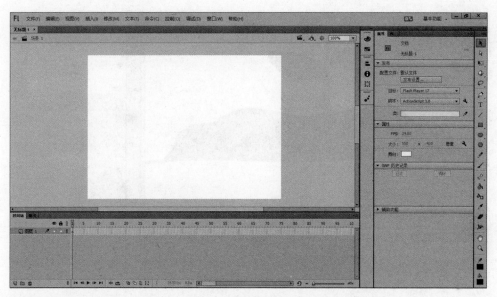

图 5-14　新建空白文档

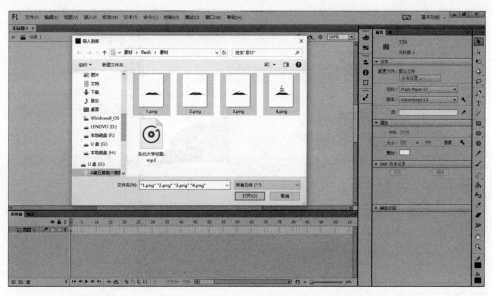

图 5-15　导入素材文件

图 5-16　制作关键帧

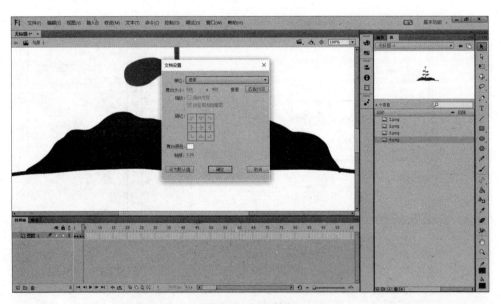

图 5-17　调整帧频

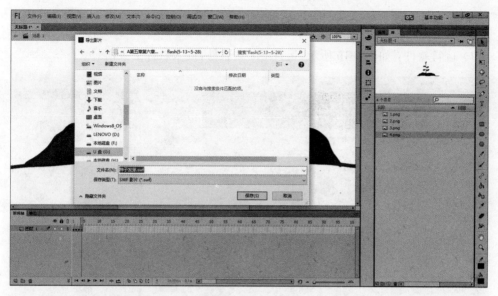

图 5-18　保存文件

5.5　实验项目：Flash 动画文件的高级编辑与制作

1. 实验名称

Flash 动画文件的高级编辑与制作。

2. 实验目的

（1）了解 Flash 动画的特色及基本原理。
（2）熟悉 Flash 软件的基本功能，掌握 Flash 中按钮的制作方法。

3. 实验类型

综合型。

4. 实验环境

（1）接入互联网、预装 Windows 操作系统的计算机。
（2）Adobe Flash 软件。

5. 实验内容

制作校歌"东北大学校歌"歌曲播放和停止按钮。

6. 参考流程

（1）运行软件：如图 5-19 所示，运行 Flash 软件，进入软件主页面。

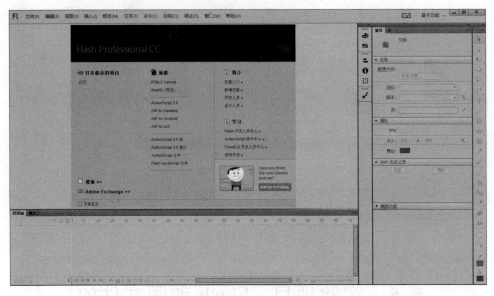

图 5-19　运行 Flash

（2）新建空白文档：如图 5-20 所示，根据所需选择新建何种文档，此处选择新建 ActionScript 3.0 文档，单击该选项进入制作页面。

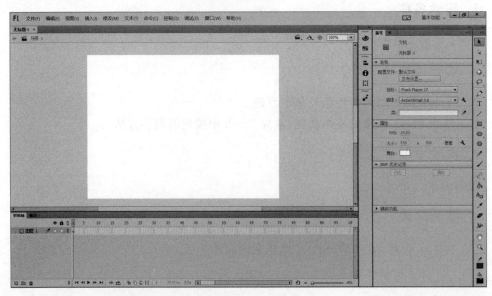

图 5-20　新建空白文档

（3）得到开始按钮：如图 5-21 所示，得到按钮的方式有很多，此处选择由图案转换成按钮。选择矩形按钮设置好填充色与描边色绘制矩形，右击矩形，选择"转换为元件"命令,类型选择"按钮",单击"确定"按钮。

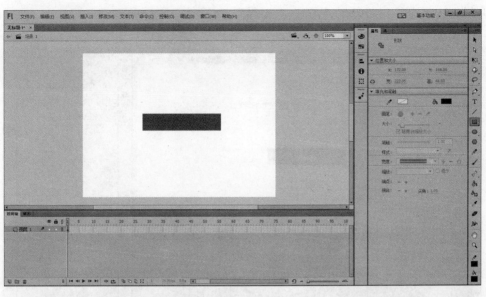

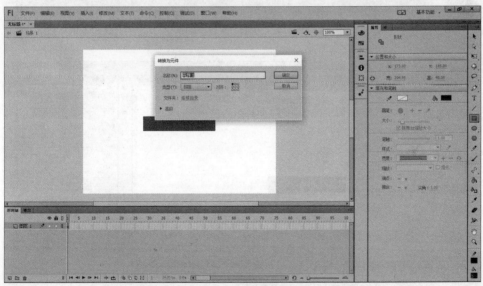

图 5-21 得到"开始"按钮

（4）制作"开始"按钮：如图 5-22 所示,选择文字工具,在按钮上加上文字"开始",单击"时间轴"面板弹起帧,右击,选择"复制帧"命令,单击选择指针按钮,右击,选择"粘贴帧"命令,如此将弹起帧分别复制到指针、按下、单击三帧上；单击选择指针帧,将文字略微放大,这样播放时鼠标移到按钮上文字会放大,达到按钮的效果；右侧按钮属性,依图 5-22 所示对按钮属性进行设置。

（5）导入歌曲：在主菜单中单击"文件"菜单选择"导入"命令,如图 5-23 所示,选择"导入到库",打开文件选择对话框,选中"东北大学校歌"MP3 音频文件单击"确定"按钮；

选中"单击"帧,页面右侧属性面板的"声音"名称选项选择"东北大学校歌","同步"选择"事件"。

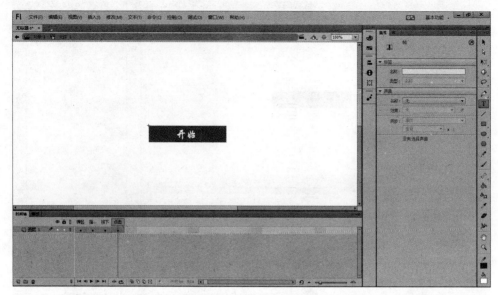

图 5-22　制作"开始"按钮

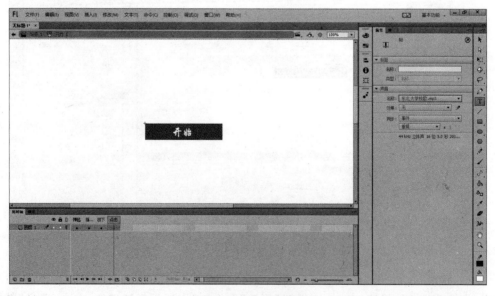

图 5-23　导入歌曲

（6）制作"结束"按钮：如图 5-24 所示,单击时间轴面板 按钮新建图层,选中新建图层的第一帧用矩形工具绘制矩形按钮将其转换为按钮元件,利用文字工具加上"结束"文本,并将弹起帧复制至指针帧、按下帧、单击帧,将指针帧上的文本略微放大以达到按钮效果。

多媒体技术及实践

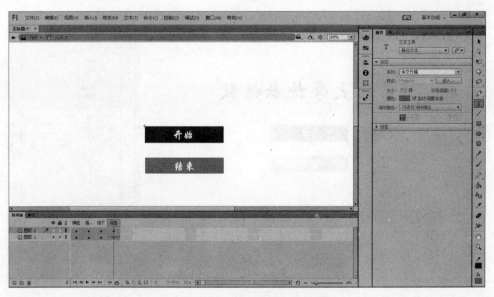

图 5-24　制作"结束"按钮

（7）结束音频制作：如图 5-25 所示，选中"结束"按钮的"单击"帧，页面右侧属性面板"声音"名称选项选择"东北大学校歌"，"同步"改为"停止"。

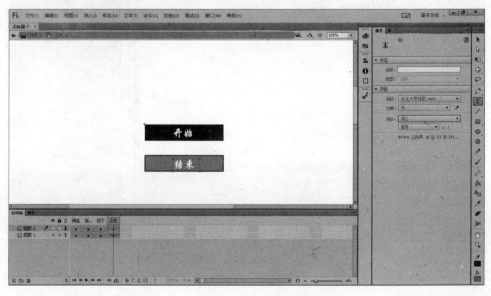

图 5-25　结束音频制作

（8）标题制作：如图 5-26 所示，单击时间轴面板 按钮新建图层，用文字工具在第一帧添加"东北大学校歌播放"字样。

（9）保存文件：如图 5-27 所示，单击主菜单"文件"菜单选择"导出"→"导出影片"命令，打开存储位置对话框，选择存储位置。

图 5-26 制作标题

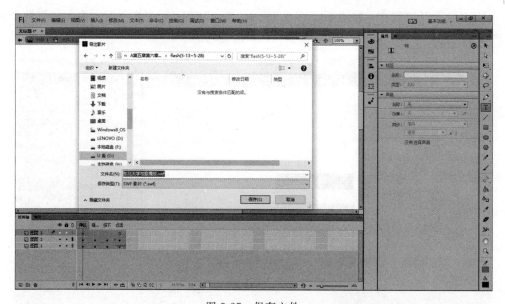

图 5-27 保存文件

7. 拓展实验

制作影片播放按钮。

8. 思考题

（1）导致声音文件不能播放的原因有哪些？

（2）文件栏里的存储与导出有什么区别？

第**6**章

视频文件的处理与制作

6.1　知　识　重　点

通过本章多媒体技术的学习与实践,读者应扎实掌握以下重点内容:

(1) 视频文件的常见格式与特点。

(2) 视频文件的编辑工具与编辑方法。

(3) 格式工厂、会声会影、AfterEffect 软件的基本功能与使用。

(4) 基本视频短片的构建与视频模板的使用。

6.2　实　验　资　料

1. 相关知识点

(1) 视频文件格式:视频文件格式有不同的分类,如微软视频(WMV、ASF、ASX)、Real Player(RM、RMVB)、MPEG 视频 (MPG、MPEG、MPE)、手机视频 (3GP)、Apple 视频 (MOV)、Sony 视频 (MP4、M4V)、其他常见视频(AVI、DAT、MKV、FLV、VOB)。

(2) 音频文件格式:音频文件常见格式有 CD、WAVE、AIFF、AU、MPEG、MP3、MPEG-4、MIDI、WMA、RealAudio、VQF、OggVorbis、AMR。

(3) 图片文件格式:图片文件常见格式有 BMP、GIF、JPEG、EXIF、PNG、RAW 等。

2. 相关工具

(1) 格式工厂:格式工厂是一套由国人开发,并免费使用且可任意传播的万能的多媒体格式转换软件,适用于 Windows。可以实现大多数视频、音频以及图像不同格式之间的相互转换。转换可以具有设置文件输出配置,增添数字水印等功能。

(2) 会声会影:会声会影是一款功能强大的视频编辑软件,具有图像抓取和编修功能,可以抓取,转换 MV、DV、V8、TV 和实时记录抓取画面文件,并提供有超过 100 种的编制功能与效果,可导出多种常见的视频格式,甚至可以直接制作成 DVD 和 VCD 光盘。操作简单,适合日常使用。

（3）After Effect：After Effect 简称 AE，是 Adobe 公司开发的一个视频剪辑及设计软件。After Effect 是制作动态影像设计不可或缺的辅助工具，是视频后期合成处理的专业非线性编辑软件。After Effect 应用范围广泛，涵盖影片、电影、广告、多媒体以及网页等，时下最流行的一些计算机游戏，很多都是使用它进行合成制作的。

6.3 实验项目：视频文件的压缩与格式转换

1. 实验名称

视频文件的压缩与格式转换。

2. 实验目的

（1）掌握格式工厂软件的基本操作。
（2）掌握视频文件格式转换方法。
（3）掌握视频文件的压缩方法。

3. 实验类型

基础型。

4. 实验环境

（1）接入互联网、预装 Windows 操作系统的计算机。
（2）格式工厂软件。

5. 实验内容

（1）视频文件的片段截取。
（2）视频文件的格式转换。
（3）视频文件中音频部分的提取。

6. 参考流程

（1）视频文件的片段截取与分辨率转换。
① 运行软件：如图 6-1 所示，运行格式工厂软件，进入软件主界面。
② 设置文件格式：如图 6-2 所示，软件主界面左侧为输出文件的格式选择，单击视频栏"MP4"按钮，进入下一个页面。
③ 添加文件：单击右上角添加文件按钮，如图 6-3 所示，打开文件选择对话框，选中需要剪辑的视频文件，单击"打开"按钮导入文件。
④ 选择时长：如图 6-4 所示，文件导入后在页面下方"输出文件夹"中选择输出的文件存储的位置，单击"选项"按钮，打开视频剪辑页面。选择开始时间和结束时间，选择完后单击"确定"按钮。

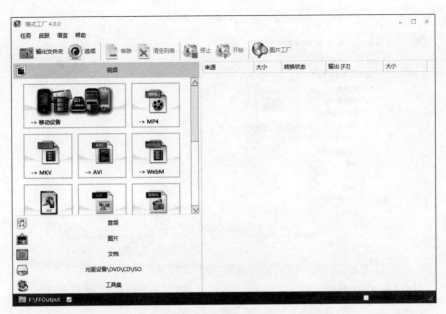

图 6-1　运行格式工厂

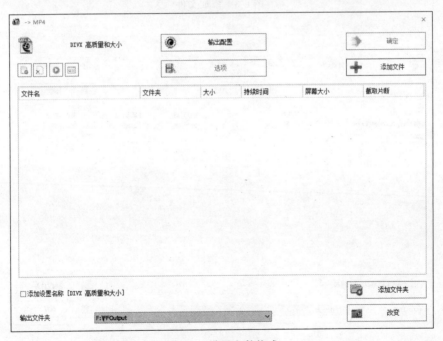

图 6-2　设置文件格式

图 6-3　添加文件

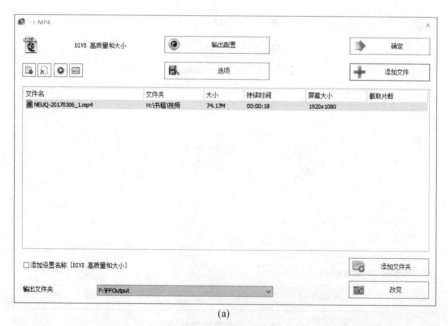

(a)

图 6-4　选择时长

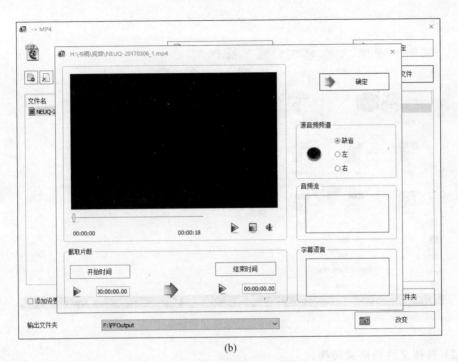

(b)

图 6-4（续）

⑤ 剪辑视频：如图 6-5 所示，从本页面可以看见截取的时长，单击"确定"按钮，返回主菜单。

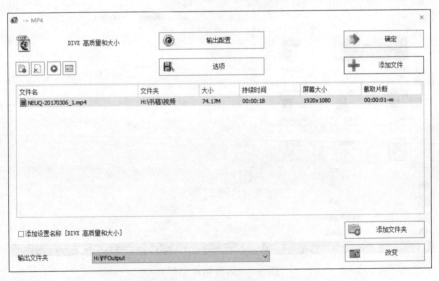

图 6-5　剪辑视频

⑥ 完成视频剪辑：如图 6-6 所示，确定文件剪辑时长后，在主界面单击上方的"确定"按钮返回主菜单，单击主菜单"开始"按钮开始视频剪辑，一段时间后视频剪辑完成。

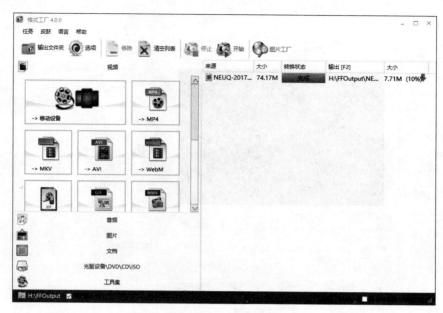

图 6-6　完成视频剪辑

（2）视频文件的格式转换。

① 运行软件：如图 6-7 所示，运行格式工厂软件，进入软件主界面。

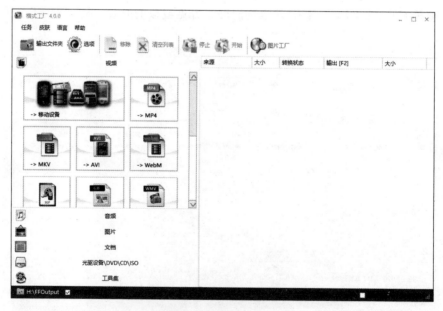

图 6-7　运行格式工厂

② 选择格式：如图 6-8 所示，在页面右侧"视频"栏里选择要转换的视频格式，此处以转换成移动设备格式为例。单击"移动设备"选项打开选择预设配置，选择要转出的格式，选择完毕后单击"确定"按钮。

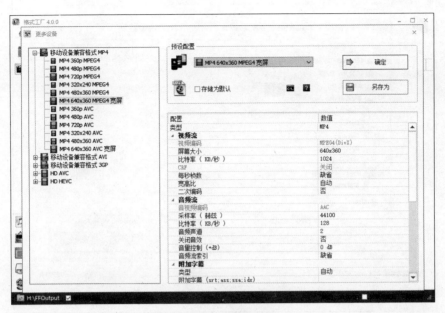

图 6-8　选择文件格式

③ 选择保存位置：如图 6-9 所示，在页面下方"输出文件夹"选择输出文件保存位置。

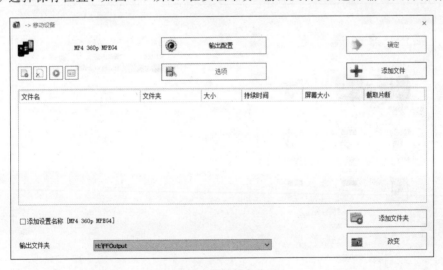

图 6-9　选择保存位置

④ 添加文件：如图 6-10 所示，单击"添加文件"按钮，打开选择文件对话框，选中要转换格式的视频文件，单击"确定"按钮。

⑤ 完成格式转换：确定文件后单击"确定"按钮返回主界面，单击"开始"按钮文件开始转换，一段时间后视频格式转换完成，如图 6-11 所示。

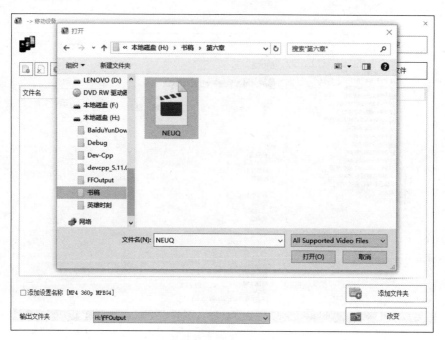

图 6-10　添加文件

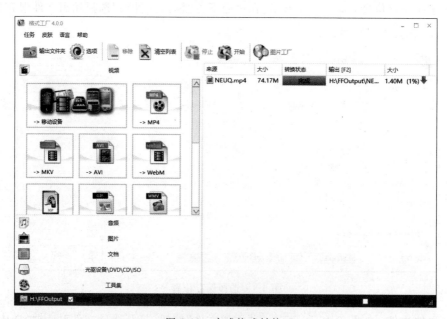

图 6-11　完成格式转换

（3）视频文件中音频部分的提取。

① 运行软件：如图 6-12 所示，运行格式工厂软件，进入软件主界面。

② 选择音频格式：单击主界面左边"音频"按钮打开音频格式选择栏，选择要输出的
音频文件格式，如图 6-13 所示，此处以输出 MP3 格式为例，单击 MP3 按钮打开下一个页

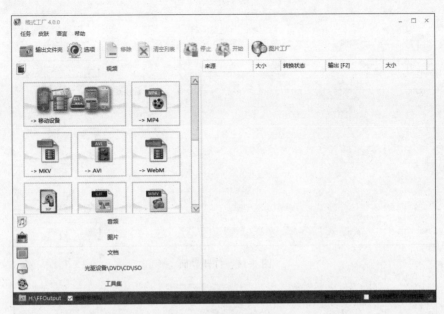

图 6-12　运行格式工厂

面,如图 6-14 所示。

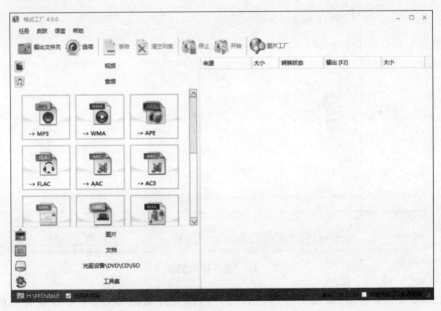

图 6-13　选择输出的音频格式

　　③ 输出配置:单击"输出配置"按钮,选择输出"高质量",单击"确定"按钮,如图 6-15
所示。

　　④ 选择存储位置:在页面下方"输出文件夹"栏选择输出音频的存储位置,如图 6-16
所示。

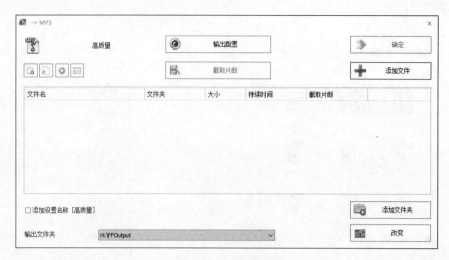

图 6-14　打开界面

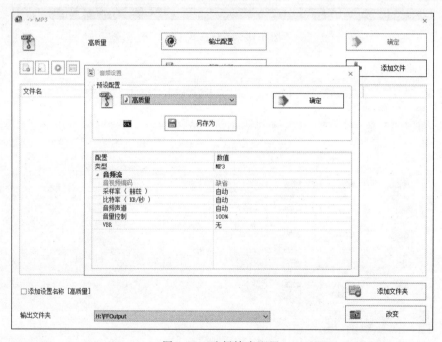

图 6-15　选择输出配置

⑤ 添加文件：单击"添加文件"按钮，打开选择文件对话框，选中要提取音频的视频文件，单击"确定"按钮，如图 6-17 所示，返回页面后单击"确定"按钮，如图 6-18 所示。

⑥ 完成音频提取：返回主页面后单击"开始"按钮文件开始转换，一段时间后视频格式转换完成，如图 6-19 所示。

7. 拓展实验

（1）更改视频文件分辨率等参数。

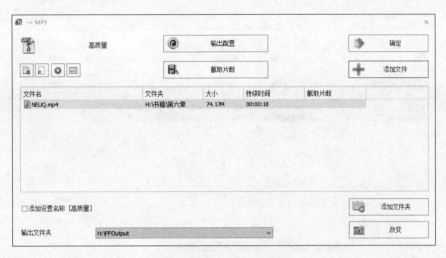

图 6-16　选择存储位置

图 6-17　选择文件

（2）将视频文件更改为 GIF 文件。

8. 思考题

为什么视频文件常见到压缩功能，而很少见到扩张功能？

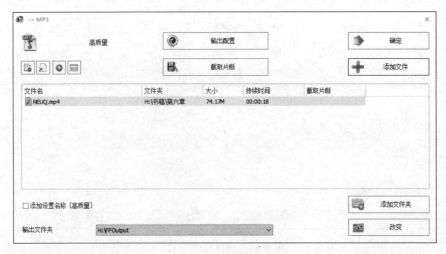

图 6-18　添加文件

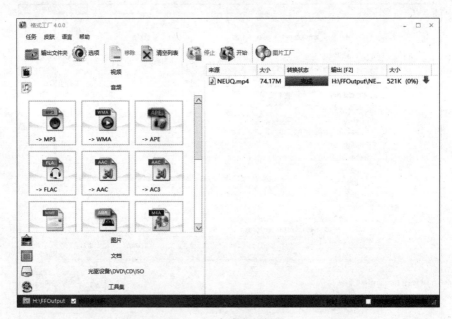

图 6-19　完成音频提取

6.4　实验项目：视频文件的基础编辑与制作

1. 实验名称

视频文件的基础编辑与制作。

2. 实验目的

（1）掌握格式会声会影软件的基本操作。

（2）掌握视频文件拼接、剪辑、添加文字的基本方法。

（3）掌握音轨、覆叠轨、转场、渲染的概念。

3. 实验类型

提高型。

4. 实验环境

（1）接入互联网、预装 Windows 操作系统的计算机。

（2）会声会影软件。

5. 实验内容

（1）视频文件的剪辑与拼接。

（2）动感音乐相册的制作。

6. 参考流程

（1）视频文件的剪辑与拼接。

① 运行软件：运行会声会影软件，进入软件主界面，如图 6-20 所示。

图 6-20　打开会声会影

② 导入视频文件：单击"文件"菜单，打开文件选择对话框，选中要进行剪辑的视频文件，单击"打开"按钮，如图 6-21 所示。

图 6-21　导入视频文件

③ 剪辑视频：从右上角的面板中将要剪辑的视频文件拖入视频轨道中，调整视频进度条两端的修正标记，选择要留下的片段，单击█按钮进行裁剪，如图 6-22 所示。

图 6-22　剪辑视频

④ 拼接视频：从右上角的面板中将第二段视频拖入视频轨中即可实现多个文件的拼接，如图 6-23 所示。

⑤ 加入转场动画：单击█按钮打开转场动画面板，选中一个转场动画将其拖至两个视频文件之间，如图 6-24 所示，转场的长度、方向可以双击已经拖入的转场进行详细的设置。

⑥ 视频导出：单击页面上方的"共享"按钮，在右上侧的面板选择视频文件的格式，

图 6-23　拼接视频

图 6-24　加入转场动画

命名好文件名,选择存储位置,单击"开始"按钮即可完成,如图 6-25 所示。

(2) 动感音乐相册的制作。

① 运行软件:运行会声会影软件,进入软件主界面,如图 6-26 所示。

② 导入文件:单击"文件"菜单打开文件选择对话框,选中要制作相册的图片文件与音频文件,单击"确定"按钮,如图 6-27 所示。

③ 排列图片:将图片拖至视频轨并将音频文件拖入音乐轨,将音乐与图片素材长度调整一致,如图 6-28 所示。

图 6-25 视频导出

图 6-26 运行会声会影

④ 加入转场动画：单击■按钮切换到故事板视图，双击图片对图片进行详细设置；单击■按钮，在素材与素材之间插入适合的转场动画，如图 6-29 所示。

⑤ 相册导出：单击页面上方的"分享"按钮，在右上侧的面板中选择视频文件的格式，命名好文件名，选择存储位置，单击"开始"按钮即可完成，如图 6-30 所示。

7. 拓展实验

（1）运用覆叠轨对视频文件进行编辑与创作。

图 6-27　选择要导入的文件

图 6-28　排列图片

（2）为视频文件添加字幕。

8．思考题

（1）会声会影中的 PAL 制式设置有什么作用？

（2）转场功能以及覆叠轨在视频剪辑中起到了什么作用？

图 6-29　加入转场动画

图 6-30　相册导出

6.5　实验项目：视频文件的高级编辑与制作

1. 实验名称

视频文件的高级编辑与制作。

2. 实验目的

(1) 掌握 After Effect 软件的基本操作。
(2) 掌握高级视频模板的使用与编辑。
(3) 掌握视频特效的使用与编辑。
(4) 了解摄像机、光影设置等工具在视频生成过程中的作用。

3. 实验类型

综合型。

4. 实验环境

(1) 接入互联网、预装 Windows 操作系统的计算机。
(2) After Effect 软件。

5. 实验内容

(1) 使用 After Effect 软件对视频文件进行剪辑。
(2) 使用 After Effect 软件给视频加字幕。

6. 参考流程

(1) 使用 After Effect 软件对视频文件进行剪辑。

① 运行软件：运行 After Effect 软件，进入软件主界面，如图 6-31 所示。

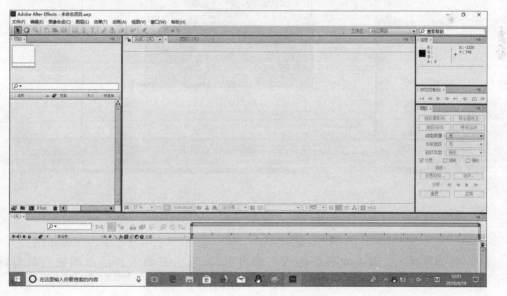

图 6-31　运行 After Effect 软件

② 导入视频素材：单击主菜单"文件"菜单选择"导入"命令，选择"目标视频"文件，

如图 6-32 所示。

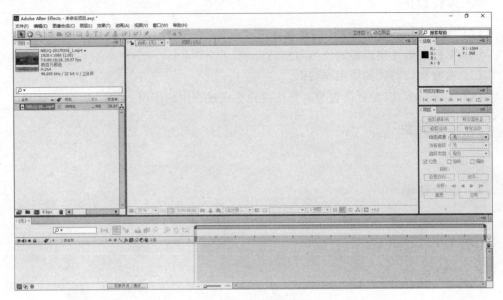

图 6-32　导入视频素材

③ 预览素材：将视频导入时间线，双击素材，显示整体进度框，如图 6-33 所示。

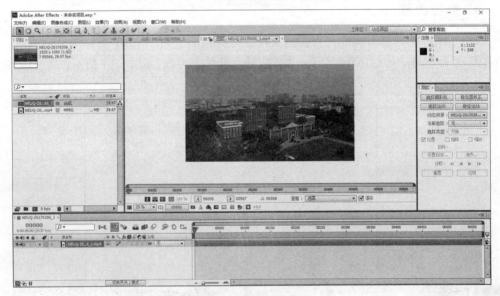

图 6-33　预览素材

④ 剪切素材：利用进度条下的入点和出点，标选出需要的片段范围进行裁剪，如图 6-34 所示。

⑤ 导出视频：单击"文件"菜单选择"导出"命令，选择存储位置，将剪切完成的视频从 After Effect 中导出，如图 6-35 所示。

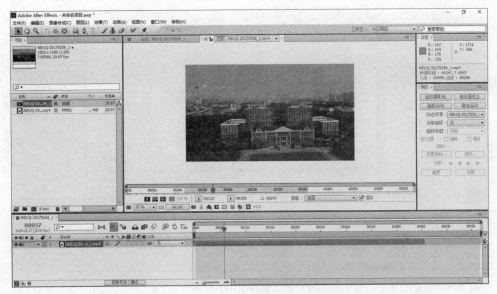

图 6-34　剪切素材

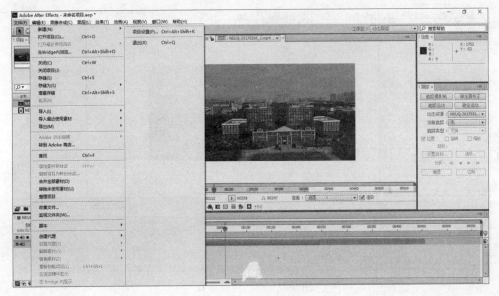

图 6-35　导出视频

（2）使用 After Effect 软件给视频加字幕。

① 运行软件：打开 After Effect 软件，进入软件主界面，如图 6-36 所示。

② 导入视频素材：单击主菜单"文件"菜单选择"导入"命令，选择目标视频文件，如图 6-37 所示。

③ 添加字幕：在左下侧空白区域右击，选择"新建"→"文本"命令，输入想要的字幕，如"东北大学秦皇岛分校"，调整字幕位置、大小以及颜色，如图 6-38 所示。

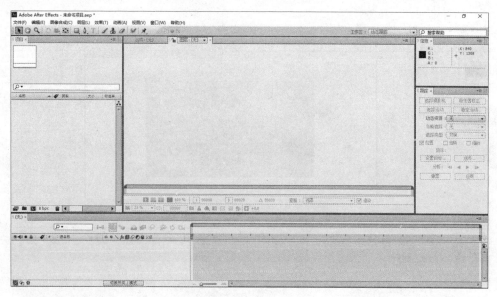

图 6-36　运行 After Effect

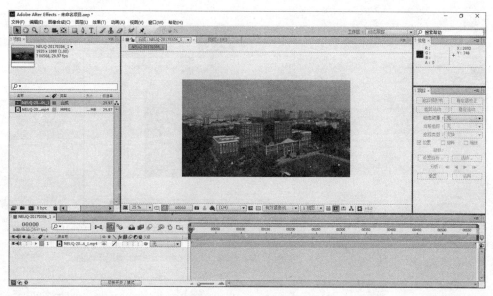

图 6-37　导入视频素材

④ 设置字幕出现的时间：利用时间轴上的时间指示器，拖动红色条设置字幕出现的起始时间，如图 6-39 所示。

⑤ 渲染并输出：单击界面左上方的"合成"→"添加到渲染队列"命令，然后单击输出组件右边的"无损"，出现"输出组件设置"框，在这里可以选择想要输出的视频格式，同时勾选"音频输出"复选框，最后单击"确定"按钮；单击"输出到"右边的黄色字体，设置视频输出后想要保存的位置；最后单击"渲染"命令，如图 6-40 所示。

⑥ 检测：渲染成功后，不用再进行任何操作，视频已经自动保存到我们上一步设置

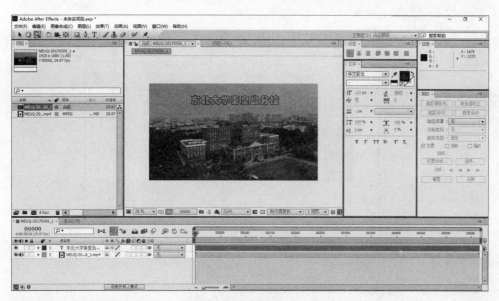

图 6-38　添加字幕

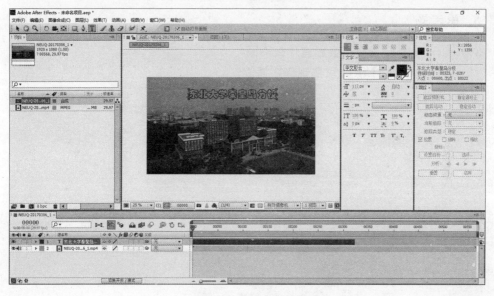

图 6-39　设置字幕时间

好的输出位置,打开视频检查一下字幕的效果,如果出现的时间有偏差,可以再重复以上步骤进行调整。

7. 拓展实验

(1) 使用 Premier 软件重复上述视频的制作,并比较其异同。

(2) 对多个视频文件进行场景的叠加创作。

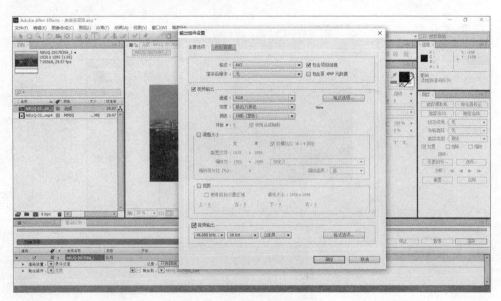

图 6-40　输出并渲染

8. 思考题

(1) After Effect 与会声会影有什么不同?

(2) 怎样在 After Effect 里实现倒序播放?

第7章

三维多媒体文件的处理与制作

7.1 知 识 重 点

通过本章多媒体技术的学习与实践,读者应扎实掌握以下重点内容:

(1) 三维多媒体文件的常见格式与特点。

(2) 三维多媒体文件的编辑工具与编辑方法。

(3) SketchUp 软件的基本功能与使用。

(4) 基本三维模型的构建与模型库的使用。

7.2 实 验 资 料

1. 相关知识点

(1) 三维动画文件常见的格式包括 PRC、W3D、WFT、WRL、WRP、WRZ、VOB、VTX、VP、VVD、VUE、VSH、VS、VRL、VOX、VWD、VEG、U3D、TDDD、STO、SKP、SHP、SKL、MAX、PHY、PAR、MTX 等。

(2) 三维多媒体文件的常用编辑工具包括 SketchUp、3D Max、Autodesk 123D Design、SolidWorks、ZBrushCore、Amapi 3D Modeler、3DVIA Shape Beta 等。

2. 相关工具

(1) SketchUp:SketchUp 是一套简洁强大的三维设计工具,官方网站将它比喻成电子设计中的"铅笔"。其主要特点是使用简便、可以快速上手。用户既可以使用 SketchUp 提供的各项工具构建三维多媒体模型,也可以使用 Google 3D Warehouse 直接下载大量丰富的单位模型并加入到自己的模型之中。在完成三维模型构建后,用户可以将使用 SketchUp 创建的 3D 模型直接输出至 Google Earth 及 Google 3D Warehouse 中。

(2) 3DMax 是 Autodesk 公司开发的基于 PC 系统的三维动画渲染和制作软件。其前身是基于 DOS 操作系统的 3D Studio 系列软件。在 Windows NT 出现以前,工业级的计算机动画制作被 SGI 图形工作站所垄断。3D Studio Max 和 Windows NT 组合的出现降低了计算机动画制作的门槛,也使 3DS Max 成为三维动画制作和影视特效的首选工具。

7.3 实验项目:SketchUp 软件的基本操作

1. 实验名称

SketchUp 软件的下载与安装。

2. 实验目的

(1) 掌握 SketchUp 软件的下载与安装方法。
(2) 熟悉 SketchUp 软件的主要界面及基本操作。

3. 实验类型

基础型。

4. 实验环境

(1) 接入互联网、预装 Windows 操作系统的计算机。
(2) SketchUp 软件。

5. 实验内容

(1) 通过网络下载 SketchUp。
(2) 完成 SketchUp 的安装与运行。
(3) 完成三维模型文件的打开与浏览。

6. 参考流程

(1) 通过网络下载 SketchUp。
下载 SketchUp:打开 IE 浏览器输入 http://42.236.59.44/big.softdl.360tpcdn.com/GoogleSketchUp/GoogleSketchUp_16.1.1450.0.exe 进行免费下载,如图 7-1 所示。
(2) 完成 SketchUp 的安装与运行。
① 安装 SketchUp:打开下载好的安装包进行安装,如图 7-2 所示。
② 完成安装:单击"下一步"按钮选择合适的安装位置,再次单击"下一步"按钮,单击"完成"按钮结束安装,如图 7-3 所示。
③ 运行 SketchUp:打开桌面上的 SketchUp 2016 运行软件,进入选择模板界面,如图 7-4 所示。

图 7-1　下载 SketchUp

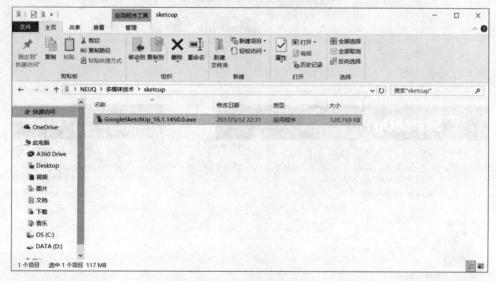

图 7-2　安装 SketchUp

④ 选择模板：选择"建筑设计-毫米"项，单击"开始使用 SketchUp"进入软件主界面，如图 7-5 所示。

⑤ 整理工作界面：单击"视图"→"工具栏"命令，勾选"标准""大工具集""风格""沙盒""视图""图层""阴影""实体工具"选项，取消选择"使用入门"选项，如图 7-6 所示。

⑥ 取消大图标：单击"视图"→"工具栏"，单击"选项"标签，取消选择"大图标"复选框，如图 7-7 所示。

（3）完成三维模型文件的打开与浏览。

打开三维模型文件：单击"文件"→"打开"命令，如图 7-8 所示，选择一个三维模型文件打开并浏览，如图 7-9 所示。

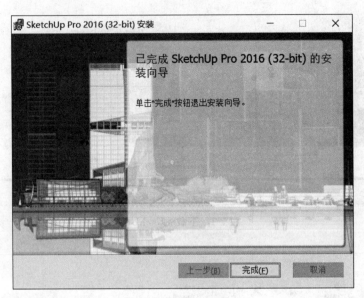

图 7-3　完成安装

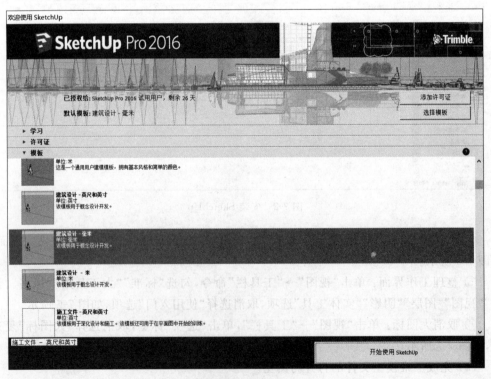

图 7-4　运行软件

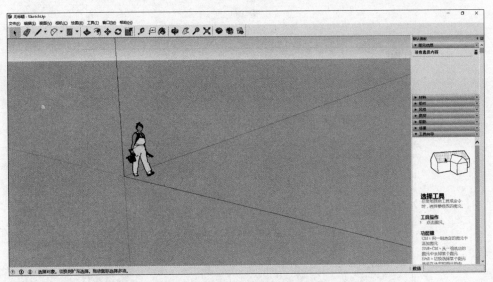

图 7-5　选择模板

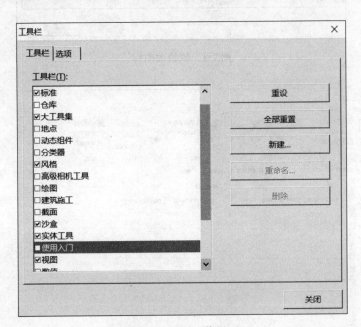

图 7-6　整理工作界面

7. 拓展实验

完成不同三维文件格式的转换。

8. 思考题

相比平面设计软件,三维设计软件的区别主要体现在哪些方面?

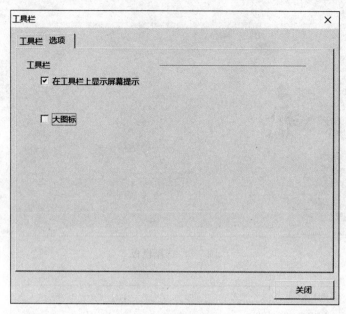

图 7-7　取消大图标

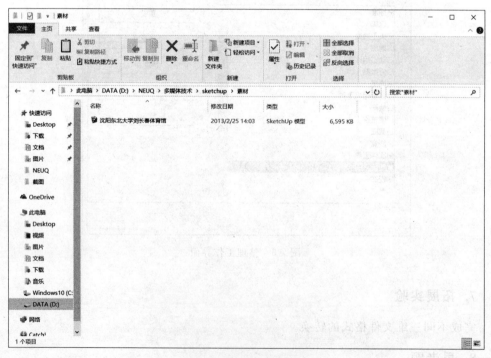

图 7-8　选择三维模型文件

多媒体技术及实践

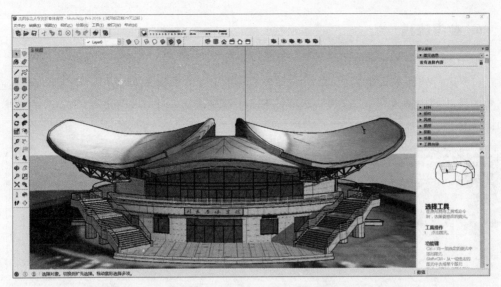

图 7-9   打开三维模型文件

7.4   实验项目: SketchUp 三维模型的制作

1. 实验名称

SketchUp 三维模型的制作。

2. 实验目的

(1) 掌握简单三维模型的制作方法。
(2) 熟悉 SketchUp 软件的各类工具、对象的使用。
(3) 熟悉谷歌三维模型仓库的使用。

3. 实验类型

综合型。

4. 实验环境

(1) 接入互联网、预装 Windows 操作系统的计算机。
(2) SketchUp 软件。

5. 实验内容

(1) 柜子的三维模型制作。
(2) 谷歌三维模型仓库的使用。

6. 参考流程

柜子的三维模型制作如下。

（1）运行软件进入主界面，单击 ▣ 切换到俯视图，单击 ▨ 随便画出一个矩形后，在右下角的尺寸框中输入"1060,730"，然后按 Enter 键则画出一个 1060mm＊730mm 的矩形，如图 7-10 所示。

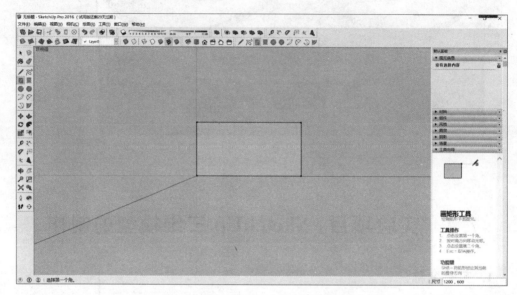

图 7-10　画出一个精确的矩形

（2）按住鼠标滚轮调节到合适的角度，如图 7-11 所示。

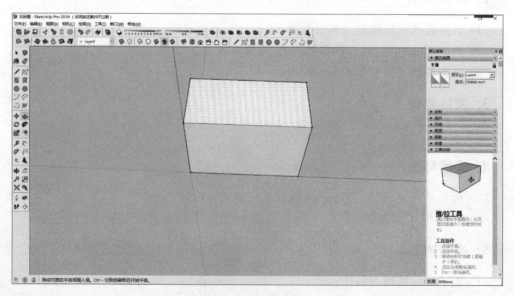

图 7-11　调节角度

（3）再单击 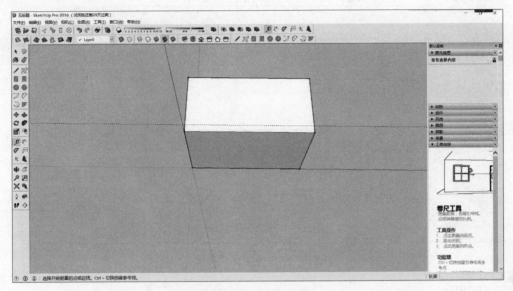 向上拉伸一段距离，在尺寸框中输入"140"按 Enter 键，效果如图 7-12 所示。

图 7-12　设置厚度

（4）单击 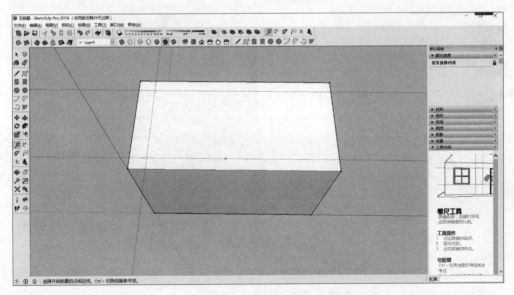 将底座上面向里偏移一段距离，在尺寸框中输入"20"后按 Enter 键，结果如图 7-13 所示。

图 7-13　设置上平面尺寸

（5）单击 将偏移后的面向上拉一段距离，在尺寸框中输入"300 后"按 Enter 键，结果如图 7-14 所示。

（6）单击 将上平面向外偏移一段距离，在尺寸框中输入"100"后按 Enter 键，如

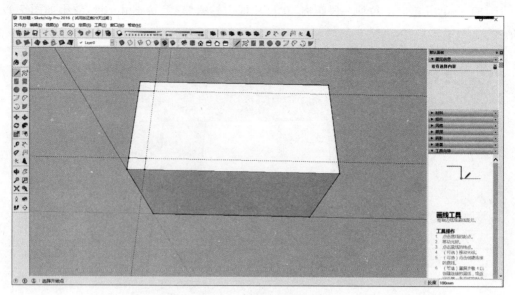

图 7-14　设置上平面高度

图 7-15 所示。

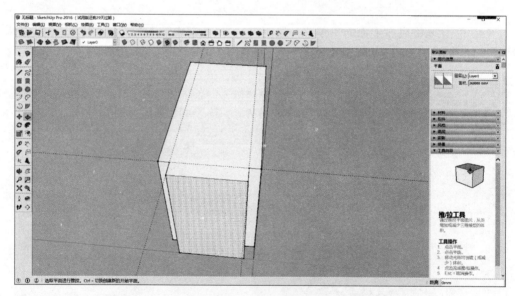

图 7-15　设置顶面尺寸

（7）单击 ✎ 为上平面补充线条，如图 7-16 所示。

（8）单击 ⬭ 在上平面做出两个圆弧，如图 7-17 所示。

（9）单击 ⬚ 切换到俯视图，再单击 ⬏ 依次选中四个边角，按 Delete 键删除，如图 7-18 所示。

（10）按住鼠标滚轮调整到合适的角度，单击 ⬌ 将上平面向上拉动 20mm，如图 7-19 所示。

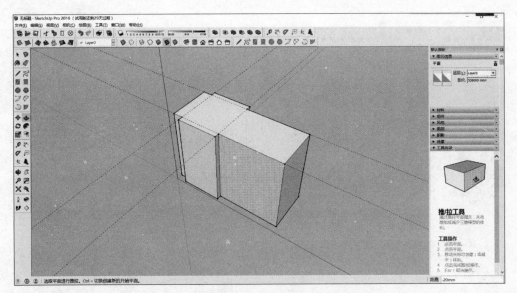

图 7-16　补充线条

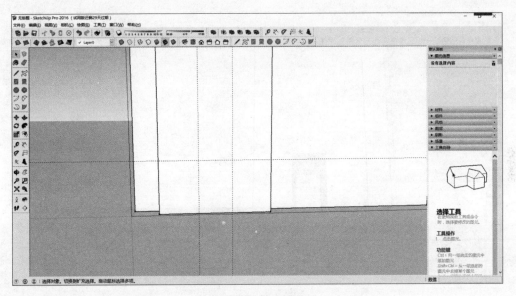

图 7-17　做出圆弧

（11）按住鼠标滚轮将视角调整到柜子下方，单击将下平面向里偏移 20mm，如图 7-20 所示。

（12）单击将偏移后的平面向里平移 120mm，如图 7-21 所示。

（13）单击为底座两边分别做两条距离底座左右两边都为 150mm 的辅助线和距离底座上边 90mm 的辅助线，如图 7-22 所示。

（14）单击在底座做一个圆弧，如图 7-23 所示。

（15）单击平移掉圆弧部分，如图 7-24 所示，用相同做法对面再做一次。

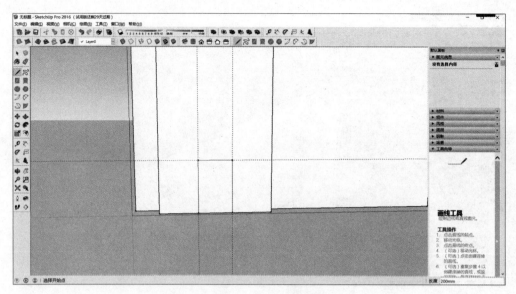

图 7-18　删除多余四角

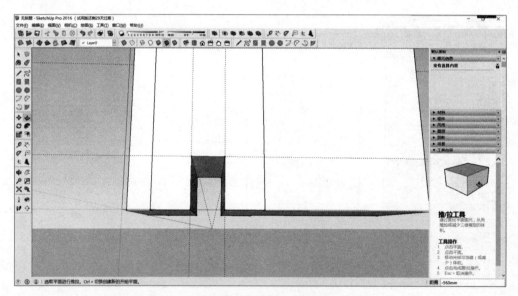

图 7-19　设置顶面高度

（16）单击 切换到正视图，单击 将柜子中间面向里偏移 20mm，单击 将偏移后的平面向里平移 20mm，如图 7-25 所示。

（17）单击 在中间面画上线条，如图 7-26 所示。

（18）单击 将中间两个平面都向里偏移 10mm，如图 7-27 所示。

（19）单击 将偏移后的两平面都向外拉动 20mm，如图 7-28 所示。

（20）单击 切换到俯视图，在另一旁单击 做出一个长度为 150mm 弧高为 30mm

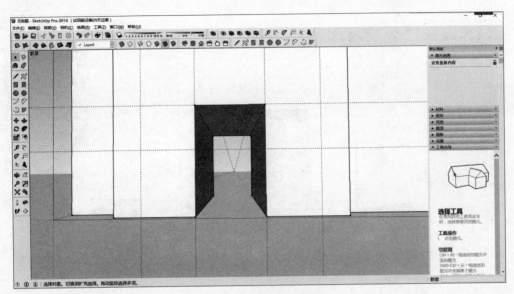

图 7-20　设置底面凹槽尺寸

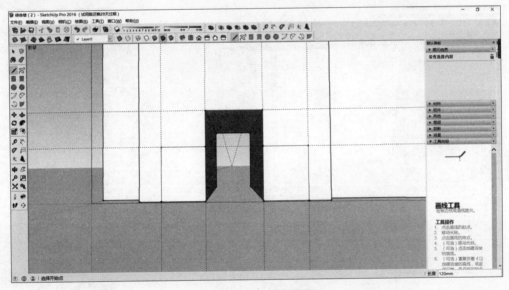

图 7-21　设置底面凹槽高度

的弧线,如图 7-29 所示。

(21) 滑动鼠标滑轮放大圆弧,单击 ▣ 在圆弧的一角做出一个边长为 6mm 的正方形,如图 7-30 所示。

(22) 单击 ▸ 选中圆弧,单击 ☜ 后再单击正方形,如图 7-31 所示。

(23) 单击 ▣ 切换到俯视图,单击 ✎ 在圆弧的两角画上线条,如图 7-32 所示。

(24) 单击 ✦ 平移掉圆弧的两个边角,如图 7-33 所示。

(25) 单击 ▸ 选中做好的圆弧,如图 7-34 所示,单击鼠标右键选择"创建群组"命令。

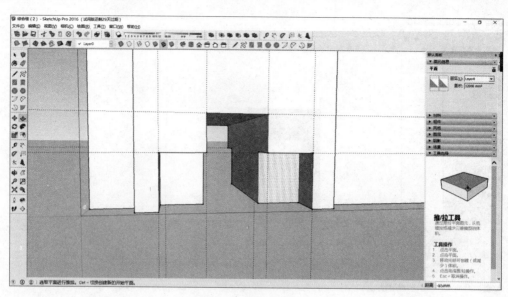

图 7-22　添加辅助线

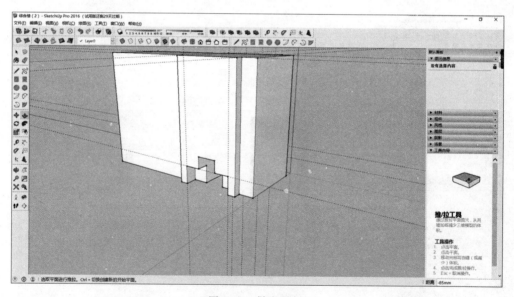

图 7-23　做出圆弧

（26）单击 选中把手按住鼠标左键,将把手移动到第一个抽屉上面,如图 7-35 所示。

（27）继续使用 键,按住 Ctrl 键选中把手,将把手复制移动到第二个抽屉上,如图 7-36 所示。

（28）按住鼠标滚轮将视角移动到下方,单击 在桌面的一边的下方补上一个平面,然后整个桌面的下方会自动补上一层平面,如图 7-37 所示。

（29）完成柜子的制作,单击"文件"→"保存"命令,如图 7-38 所示。

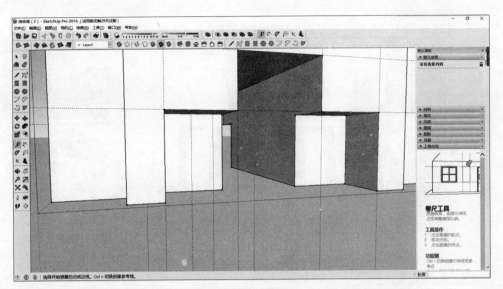

图 7-24 删除圆弧部分

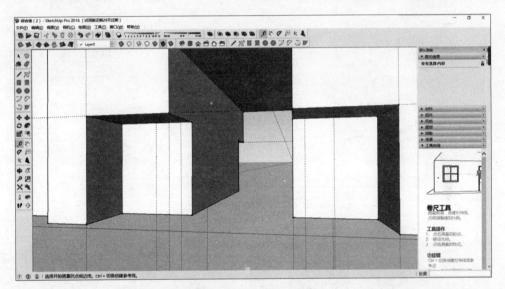

图 7-25 设置柜子尺寸

7. 拓展实验

（1）使用 SketchUp 完成建筑、操场、大学校园等复杂三维模型的制作。

（2）使用 SketchUp 完成大型三维模型的动画导航。

8. 思考题

（1）三维模型的开发有哪些注意事项？

（2）如何在三维模型编辑的过程中保持位置、距离等操作的准确？

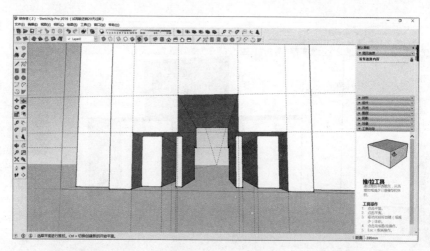

图 7-26　做出中线

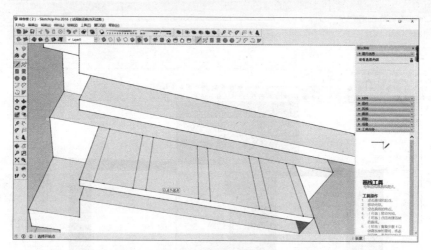

图 7-27　设置抽屉尺寸

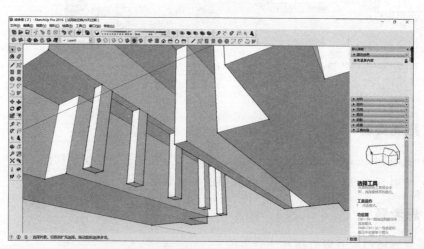

图 7-28　做出抽屉

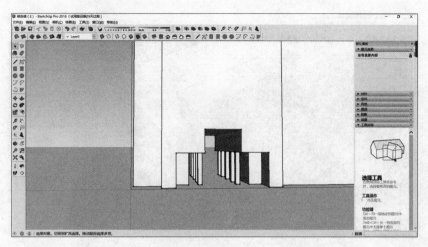

图 7-29　画出圆弧

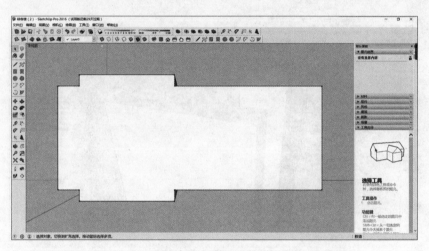

图 7-30　做出正方形

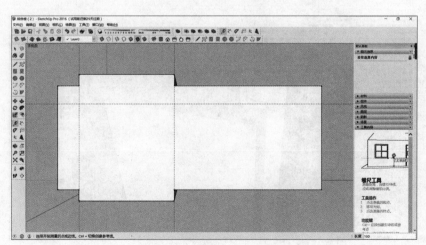

图 7-31　选中圆弧，单击正方形

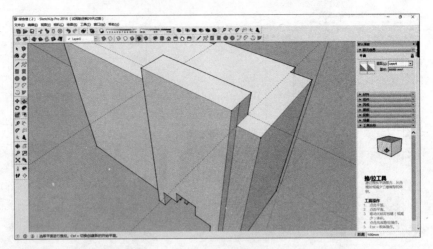

图 7-32　画线条

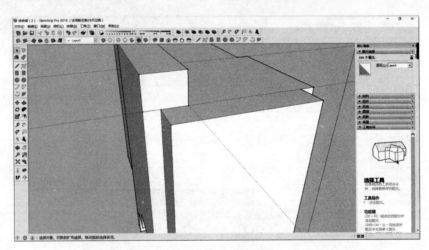

图 7-33　删除边角

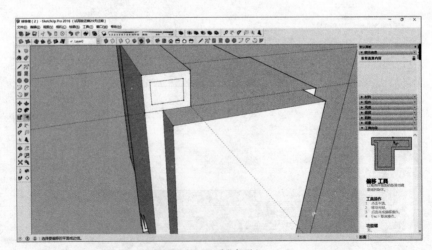

图 7-34　创建群组

多媒体技术及实践

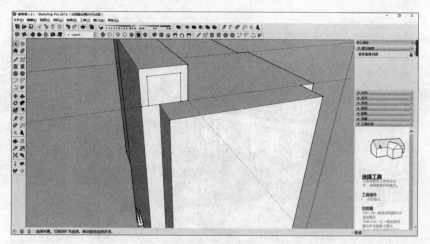

图 7-35　移动把手

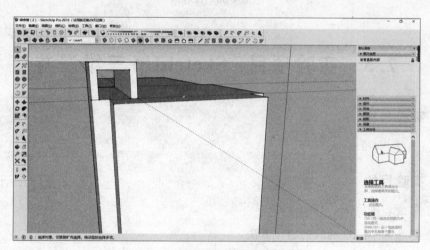

图 7-36　复制把手

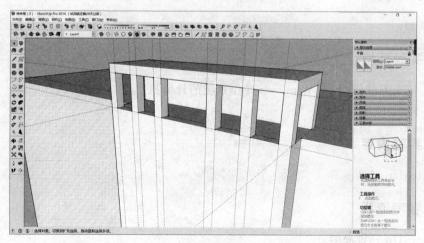

图 7-37　自动加平面

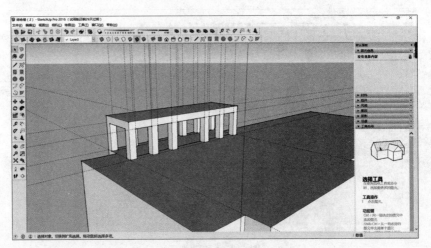

图 7-38　保存

7.5　实验项目：SketchUp 三维漫游

1. 实验名称

SketchUp 三维漫游。

2. 实验目的

(1) 了解三维漫游的基本概念。
(2) 熟悉简单三维动画的制作方法。

3. 实验类型

创新型。

4. 实验环境

(1) 接入互联网、预装 Windows 操作系统的计算机。
(2) SketchUp 软件。

5. 实验内容

SketchUp 三维漫游。

6. 参考流程

SketchUp 三维漫游：
(1) 打开三维文件：运行 SketchUp 进入工作界面，单击"文件"→"打开"命令选择一个三维文件打开，如图 7-39 所示。

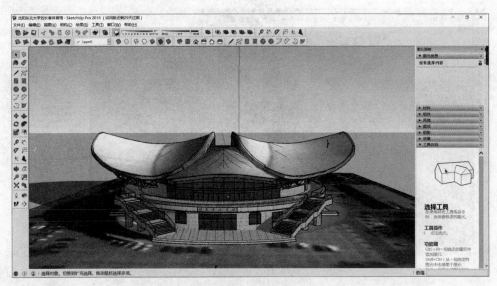

图 7-39　选择一个三维文件打开

（2）使用漫游工具：使用鼠标滚轮调整到一个合适的角度，单击 👣，输入合适的高度，如图 7-40 所示。

图 7-40　设置高度

（3）添加场景：单击工作界面右侧场景一栏下的加号添加场景，如图 7-41 所示。

（4）持续添加场景：单击 👣 后按住鼠标左键向前走动，走过一段距离后再次添加场景，如图 7-42 所示，可以使用鼠标滚轮调节方向，重复此流程。

（5）输出动画：单击"视图"→"动画"→"设置"命令，将场景暂停调整为 0 秒，单击"文件"→"导出"→"动画"→"视频"命令，选择一个视频格式，单击"导出"按钮，如图 7-43

图 7-41 添加场景

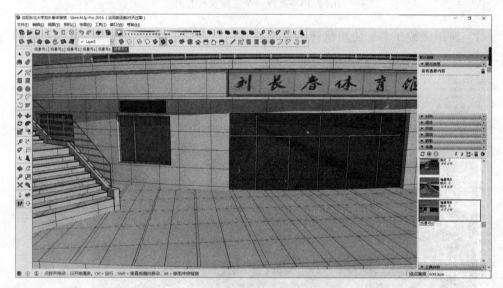

图 7-42 持续添加场景

所示。

7. 拓展试验

制作一个剖切动画。

8. 思考题

SketchUp 动画场景是如何切换的？

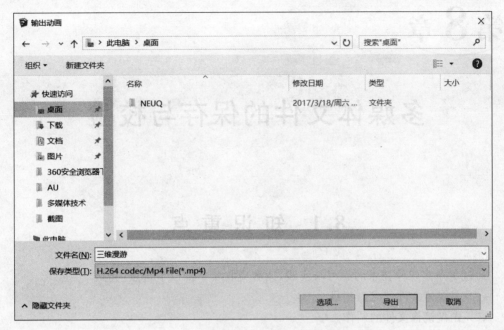

图 7-43　导出动画

第**8**章

多媒体文件的保存与校验

8.1 知 识 重 点

通过本章多媒体技术的学习与实践,读者应扎实掌握以下重点内容:
(1) 多媒体文件的光盘刻录。
(2) 光盘镜像文件的制作。
(3) 多媒体文件的校验。
(4) 镜像文件与虚拟光驱的使用。

8.2 实 验 资 料

1. 相关知识点

(1) 镜像文件:镜像文件与 RAR、ZIP 压缩包类似,它将特定的一系列文件——尤其是操作系统、大型软件、游戏与视频等按照一定的格式制作成单一的文件,以方便用户下载和使用。镜像文件最重要的特点是可以被特定的软件识别并可直接刻录到光盘上。由于镜像文件具备存储系统文件、引导文件、分区表等信息的功能,故在虚拟机等软件中,镜像文件也可以用于制作特定硬盘分区或硬盘的所有信息。

(2) 虚拟光驱:虚拟光驱是运行在计算机中的一个用于模拟光驱的工具软件。其在运行时可以在系统中产生一个虚拟的光盘驱动器,并可以将镜像文件加载到虚拟的光盘驱动器之中,从而读取镜像文件中的文件信息。虚拟光驱与镜像文件的配合可以在牺牲硬盘存储空间的前提下大幅降低光驱硬件的使用频率,并能够随时灵活地加载各类光盘镜像文件,实现光盘文件的灵活使用与复制备份。

(3) 数据校验:数据校验是为保证数据的完整性,用一种指定的算法对原始数据计算出的一个校验值。接收方用同样的算法计算一次校验值,如果与随数据提供的校验值一样,说明数据是完整的。

(4) MD5:MD5 是 Message Digest Algorithm5 的缩写,中文名为消息摘要算法第五版。作为计算机安全领域广泛使用的一种散列函数,MD5 主要用于提供消息的完整性保护,实现信息传输的完整性与一致性。MD5 目前已成为计算机领域广泛使用的哈希算法,主流编程语言普遍已有 MD5 实现。MD5 算法具有以下特点:压缩性——任意长度的数据,算出的 MD5 值长度都是固定的;容易计算——从原数据计算出 MD5 值很容易;抗修改性——对原数据进行任何改动,哪怕只修改 1 个字节,所得到的 MD5 值都有很大区别;强抗碰撞——已知原数据和其 MD5 值,想找到另一个具有相同 MD5 值的数据非常困难。

2. 相关工具

(1) ImgBurn:ImgBurn 是一款小巧的光盘刻录软件。其支持多种光盘与镜像文件格式,能够实现包括光盘刻录、镜像制作、校验等丰富功能,具有良好的运行速度,是一款实用的免费刻录解决方案。

(2) DAEMON Tools:DAEMON Tools 是一个先进的虚拟光驱工具软件,能够在计算机中模拟多种光盘驱动器,并能支持 CUE(CDRWin/DiscDump/Blindread 生成的,BIN 镜像)、ISO(CDRWin 或 CDWizard 生成的镜像)、CCD(CloneCD 生成的,IMG 镜像)、BWT(Blindwrite 生成的镜像)、CDI、MDS(Alcohol120％生成的镜像)等丰富的光盘镜像文件。

(3) Nero MD5 Verifier:Nero MD5 Verifier 是一款体积小、速度快的校验码生成与比对软件。利用 Nero MD5 Verifier 所生成的校验码可以轻松地了解文件在下载、复制时是否损坏或被非法修改。在实际使用中,由于 Nero MD5 Verifier 在执行校验时有进度条,极少出现有假死现象,并且校验完成后会即时给出比较结果,使之非常适合校验光盘软件等大容量的文件。

8.3 实验项目:多媒体文件的光盘制作

1. 实验名称

多媒体文件的光盘制作。

2. 实验目的

(1) 了解光盘存储介质的使用方法与特点。
(2) 掌握常用光盘刻录、镜像制作软件的使用方法。

3. 实验类型

基础型。

4. 实验环境

(1) 接入互联网、预装 Windows 操作系统的计算机。

（2）带有刻录功能的光盘驱动器（CD-RW 驱动器或 DVD-RW 驱动器）。

（3）ImgBurn，空白 CD-RW 光盘。

5. 实验内容

（1）使用 ImgBurn 软件将多媒体文件制作成光盘。

（2）使用 ImgBurn 软件将光盘制作成镜像文件。

（3）使用 DAEMON Tools Lite 载入光盘镜像文件。

6. 参考流程

（1）使用 ImgBurn 软件将多媒体文件制作成光盘。

① 运行软件：运行 ImgBurn 软件，进入软件主界面，如图 8-1 所示。

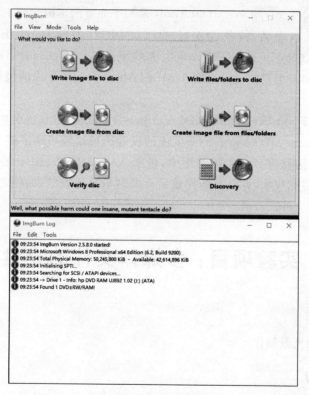

图 8-1　运行 ImgBurn

② 进入刻录功能：单击界面右上角的 Write files/folders to disc 按钮进入文件刻录界面，如图 8-2 所示。

③ 浏览文件和文件夹：单击界面中间的 ◙（Browse for a file）按钮或 ◙（Browse for a folder）按钮，打开文件选择对话框，如图 8-3 所示。

④ 添加文件和文件夹：选中需要添加的文件和文件夹，单击"打开"按钮，将其加入到 Source 区域，如图 8-4 所示。

⑤ 放入光盘：单击 Eject 🔘 图标弹出光驱，将准备好的 CD-R 或 CD-R/W 光盘放

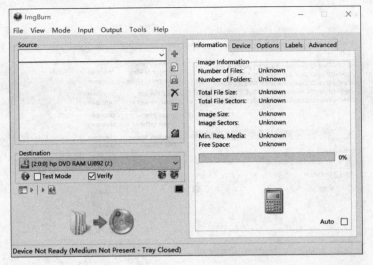

图 8-2　进入刻录功能

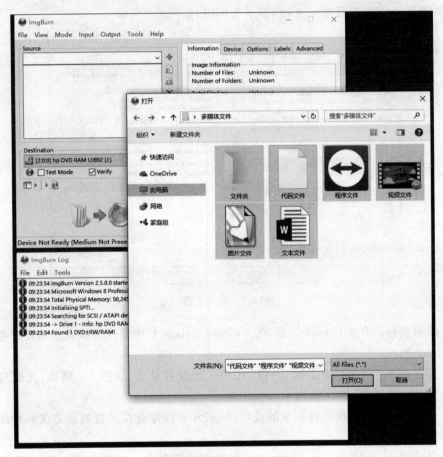

图 8-3　浏览文件和文件夹

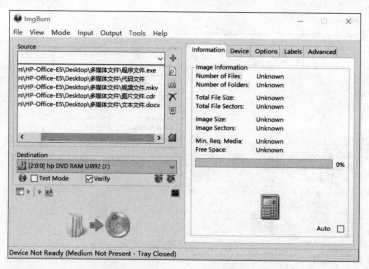

图 8-4　添加文件和文件夹

入,程序显示 Ready,刻录图标 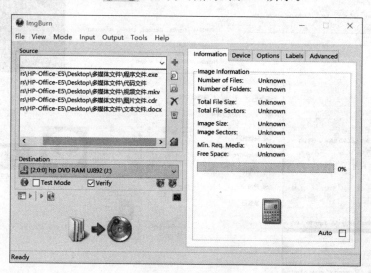 显示为可用,如图 8-5 所示。

图 8-5　放入光盘

　　⑥ 编辑卷标:单击 Labels 标签,在 Volume Labels 栏中输入为该光盘设置的卷标名称,如图 8-6 所示。

　　⑦ 运行刻录:单击刻录图标 ,在确认光盘容量后,如图 8-7 所示,光驱启动刻录过程,如图 8-8 所示。

　　⑧ 文件校验:为确保文件刻录的成功,ImgBurn 软件会在光盘刻录完成后自动启动校验过程,如图 8-9 所示。

　　⑨ 完成刻录:文件校验无误后,刻录好的文件光盘会自动弹出,ImgBurn 提示刻录完成,如图 8-10 所示。

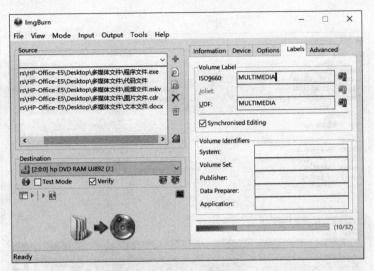

图 8-6　编辑卷标

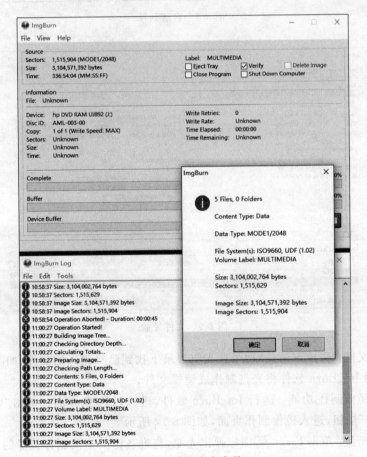

图 8-7　确认光盘容量

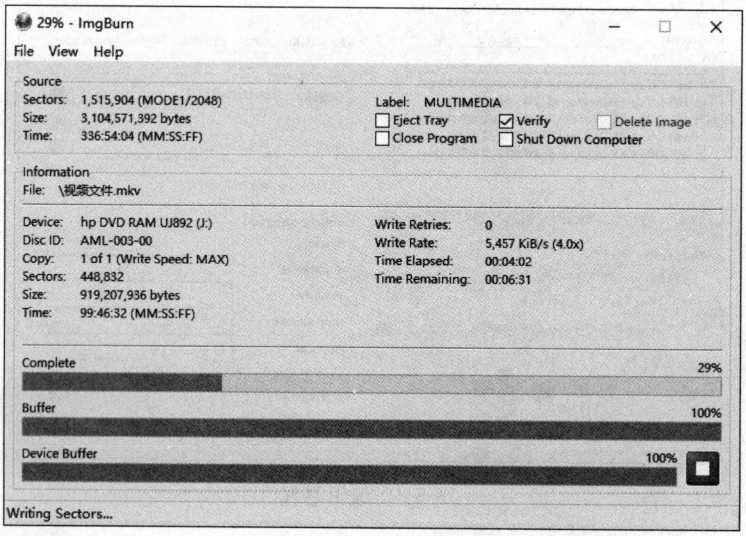

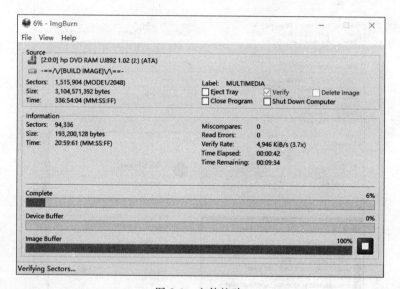

图 8-8　启动刻录

图 8-9　文件校验

⑩ 检查文件：完成刻录后，即可在光驱目录下找到已经刻入的文件，如图 8-11 所示。

（2）使用 ImgBurn 软件将光盘制作成镜像文件。

① 进入镜像制作功能：运行 ImgBurn 软件，进入软件主界面。单击"Create image file from disc"按钮，进入镜像制作页面，如图 8-12 所示。

② 放入光盘：单击 Eject 🖴 图标弹出光驱，将准备好的需要制作镜像的光盘放入，程序显示 Ready，镜像制作 💿➡💾 图标显示为可用，如图 8-13 所示。

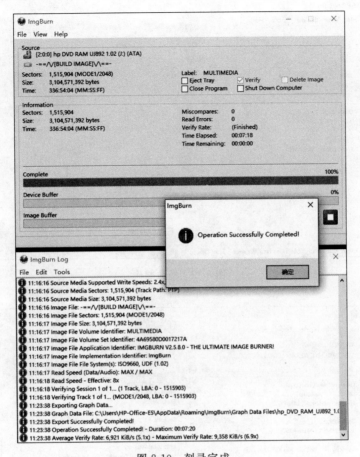

图 8-10 刻录完成

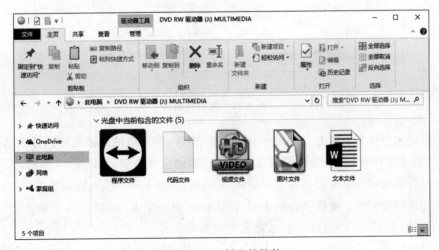

图 8-11 已刻入的软件

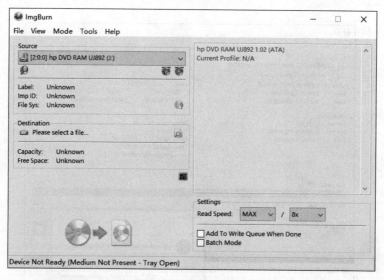

图 8-12　镜像制作

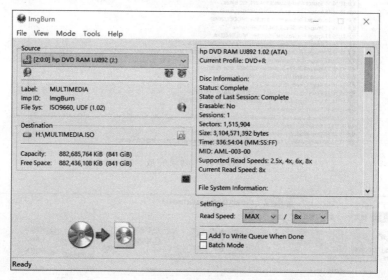

图 8-13　放入光盘

③ 指定镜像位置：单击 Destination 下的 📷 图标，在弹出的对话框中选择将制作好的镜像保存的本地位置，并设置镜像的文件名及镜像的文件类型，如图 8-14 所示。

④ 运行镜像制作：单击镜像制作 🖥→📷 图标，如图 8-15 所示，启动镜像制作过程。

⑤ 完成镜像制作：镜像制作结束时，ImgBurn 提示完成，如图 8-16 所示。

（3）使用 DAEMON Tools Lite 载入光盘镜像文件。

① 启动软件：运行 DAEMON Tools Lite 软件，进入软件主界面，如图 8-17 所示。

② 装载映像：单击"快速装载"按钮，选中需要装载的光盘镜像文件，如图 8-18 所示。

③ 访问虚拟光驱：装载成功后，快速装载按钮旁出现了虚拟光驱的盘符图标 💿，同

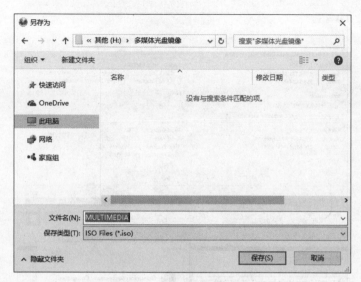

图 8-14　指定镜像保存位置

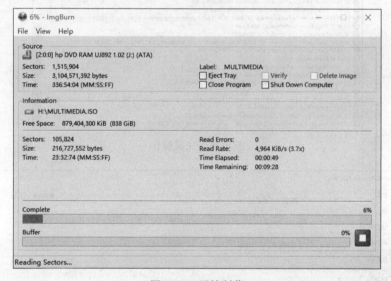

图 8-15　开始制作

时在计算机中会出现一个虚拟的光驱,如图 8-19 所示,光驱中已经装载了镜像文件,可以直接像访问光盘文件一样进行使用。

　　④ 卸载镜像文件:光盘镜像文件使用完成后,可在 DAEMON Tools Lite 软件中单击虚拟光驱盘符右上角的黄色弹出图标 ,或在计算机中右击虚拟光驱盘符,并在菜单中选择"弹出"即可卸载镜像文件,如图 8-20 所示,以备装入其他的镜像文件。

7. 拓展实验

　　(1) 使用 NERO 软件构建音频光盘,并与文件光盘进行对比。

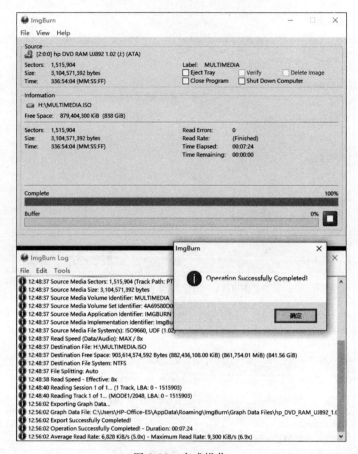

图 8-16　完成操作

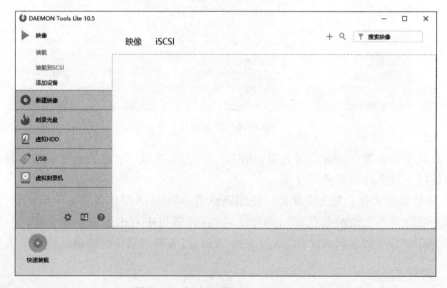

图 8-17　启动 DAEMON Tools Lite

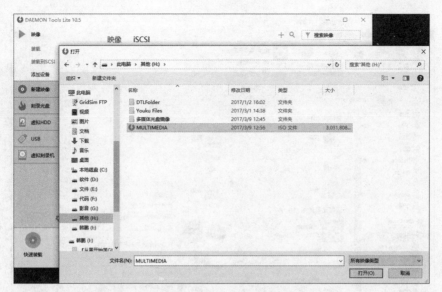

图 8-18　装载映像

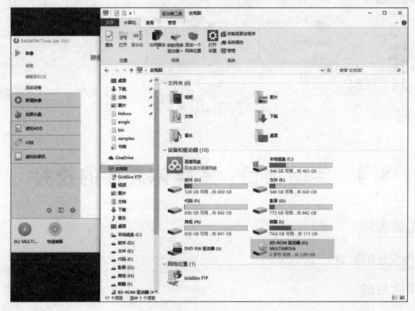

图 8-19　虚拟光驱

（2）使用 WinZip 软件解压缩光盘镜像文件，并观察解压后的结果。

8. 思考题

（1）CD、CD-R、CD-R/W 类型的光盘有什么区别？

（2）光盘刻录的原理与 U 盘、移动硬盘有什么区别？

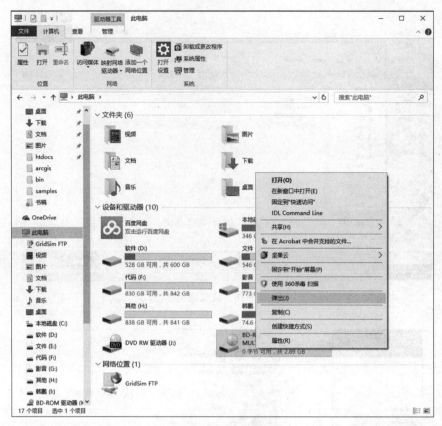

图 8-20　卸载镜像文件

8.4　实验项目：多媒体文件的校验

1. 实验名称

多媒体文件的校验。

2. 实验目的

(1) 了解文件校验的意义与原理。

(2) 掌握常用文件校验软件的使用方法。

3. 实验类型

基础型。

4. 实验环境

(1) 接入互联网、预装 Windows 操作系统的计算机。

（2）Nero MD5 Verifier 软件（可从 http：//www.nero.com/chs/support/service/md5-checksum.php 免费下载）。

5. 实验内容

（1）使用 Nero MD5 Verifier 软件读取文件的 MD5 校验码。

（2）使用 Nero MD5 Verifier 软件对多媒体文件进行校验。

6. 参考流程

（1）使用 Nero MD5 Verifier 软件读取文件的 MD5 校验码。

① 运行软件：运行 Nero MD5 Verifier 软件，进入软件主界面，如图 8-21 所示。

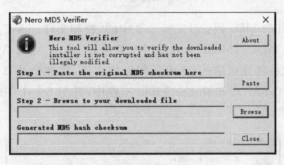

图 8-21　运行 Nero MD5 Verifier

② 计算源文件的 MD5 码：以实验 8.2 中的“视频文件.mkv”为例，该文件的源文件位于本地计算机桌面。在 Nero MD5 Verifier 软件中单击 Browse 按钮，进入文件选择对话框，首先选中复制前的源文件，软件会在计算后得到该文件的 MD5 校验码，如图 8-22 所示，并列入 Generated MD5 hash checksum 一栏中，如图 8-23 所示。

图 8-22　软件计算中

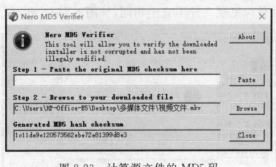

图 8-23　计算源文件的 MD5 码

（2）使用 Nero MD5 Verifier 软件对多媒体文件进行校验。

① 粘贴源文件的 MD5 码：将上一个实验中生成的源文件 MD5 校验码复制，单击

Paste 按钮将其粘贴到 Step1 一栏中，如图 8-24 所示。

图 8-24　粘贴源文件的 MD5 码

　　② 计算复制文件的 MD5 码：以实验 8.2 中的"视频文件.mkv"为例，该文件的复制文件位于光驱中的 MULTIMEDIA 光盘中，于是在 Nero MD5 Verifier 软件中单击 Browse 按钮，进入文件选择对话框，选中复制后的文件，软件会计算得到该文件的 MD5 校验码，列入 Generated MD5 hash checksum 一栏中，并与 Step1 中的源文件 MD5 校验码进行比对，如图 8-25 所示。

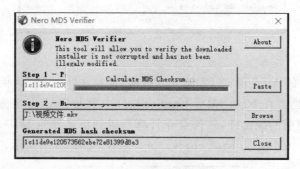

图 8-25　计算复制文件的 MD5 码

　　③ 显示校验结果：当比对完成后，如果校验得到的 MD5 码完全相同，即认为源文件与复制文件完全相同，如图 8-26 所示。软件显示校验成功。如 MD5 码不完全相同，则显示校验失败，认为源文件与复制文件不完全相同，如图 8-27 所示。

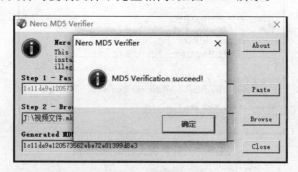

图 8-26　两文件完全相同

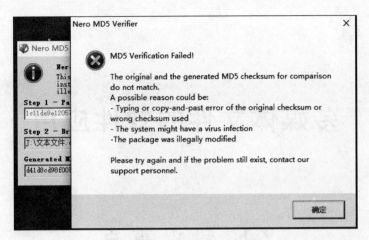

图 8-27 两文件不完全相同

7. 拓展实验

(1) 使用 Nero MD5 Verifier 软件验证有损压缩、无损压缩的效果。

(2) 使用 SHA1 校验码实现对文件有效性的校验。

(3) 使用校验工具辅助通过互联网及外部存储器中下载文件的完整性验证。

8. 思考题

(1) 产生源文件与复制文件、下载文件不一致的原因有哪些?

(2) MD5 与 SHA1 校验码是否可以绝对确定两个文件的完全相同?

第9章

多媒体文件的软件应用

9.1 知 识 重 点

通过本章多媒体技术的学习与实践,应扎实掌握以下重点内容:

(1)熟悉 Authorware 的操作界面。

(2)掌握 Authorware 常用图标的功能。

9.2 实 验 资 料

1. 相关知识点

(1)多媒体技术:多媒体技术不是各种信息媒体的简单复合,它是一种把文本、图形、图像、动画和声音等形式的信息结合在一起,并通过计算机进行综合处理和控制,能支持完成一系列交互式操作的信息技术。多媒体技术的发展改变了计算机的使用领域,使计算机由办公室、实验室中的专用品变成了信息社会的普通工具,广泛应用于工业生产管理、学校教育、公共信息咨询、商业广告、军事指挥与训练,甚至家庭生活与娱乐等领域。

(2)流程图:以特定的图形符号加上说明"表示算法的图"称为流程图或框图。流程图是流经一个系统的信息流、观点流或部件流的图形代表。例如,一张流程图能够成为解释某个零件的制造工序,甚至组织决策制定程序的方式之一。这些过程的各个阶段均用图形块表示,不同图形块之间以箭头相连,代表它们在系统内的流动方向。下一步何去何从,要取决于上一步的结果,典型做法是用"是"或"否"的逻辑分支加以判断。使用图形表示算法的思路是一种极好的方法,因为千言万语不如一张图。流程图在汇编语言和早期的 BASIC 语言环境中得到应用。

2. 相关工具

Authorware:Authorware 是一个图标导向式的多媒体制作工具,使非专业人员快速开发多媒体软件成为现实。它无需传统的计算机语言编程,只需通过对图标的调用来编辑一些控制程序走向的活动流程图,将文字、图形、声音、动画、视频等各种多媒体项目数据汇在一起,就可达到多媒体软件制作的目的。这种通过图标的调用来编辑流程图用以替代传统的计算机语言编程的设计思想,是它的主要特点。

9.3 实验项目：Authorware 软件的操作

1. 实验名称

Authorware 软件制作算术减法测试。

2. 实验目的

(1) 熟悉 Authorware 的操作界面。
(2) 掌握 Authorware 常用图标的功能。

3. 实验类型

创新型。

4. 实验环境

(1) 接入互联网、预装 Windows 操作系统的计算机。
(2) Authorware 软件。

5. 实验内容

使用 Authorware 软件制作算术减法测试。

6. 参考流程

使用 Authorware 软件制作算术减法测试:
(1) 运行软件:运行 Authorware 软件,打开软件主页面,如图 9-1 所示。

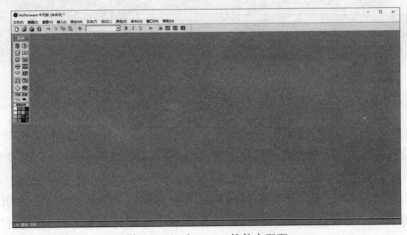

图 9-1　Authorware 软件主页面

（2）新建文件：单击主菜单"文件"菜单选择"新建"命令，选择"新建文件"，如图 9-2 所示。

图 9-2　新建文件

（3）添加计算图标：将页面左侧图标栏的回图标拖入工作面板中即添加计算图标，右击图标选择"属性"选项打开属性面板，在属性面板中将图标命名为"窗口大小"，如图 9-3 所示。

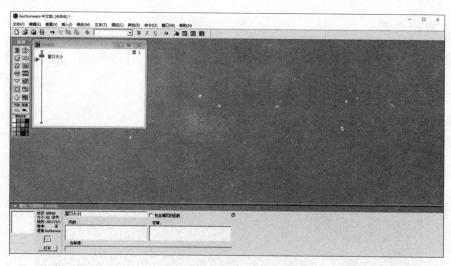

图 9-3　添加并命名计算图标

（4）设置窗口大小：双击打开计算图标，通过输入 ResizeWindow() 函数设置窗口大小为 100×100，如图 9-4 所示。

（5）添加交互图标：将页面左侧图标栏的回图标拖入工作区中即加入交互图标，右击图标选择"属性"选项打开属性面板，在属性面板中将图标命名为"题目设置"，并双击"打开"图标添加样式，单击工具栏 A 按钮添加文本样式，输入"你准备做_____道题"，

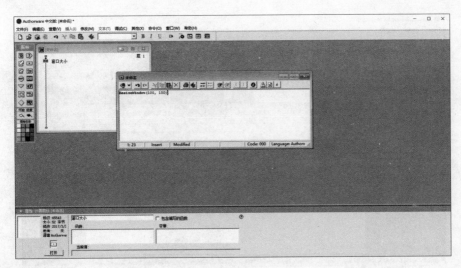

图 9-4　设置窗口大小

如图 9-5 和图 9-6 所示。

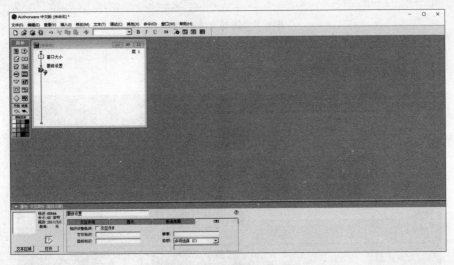

图 9-5　添加并命名交互图标

（6）添加计算图标：在交互图标下方拖入一个 ⬜ 图标及添加一个计算图标，将交互类型选定为"文本输入"，单击"确定"按钮，如图 9-7 所示。

（7）编辑图标：在页面下方的属性面板中将新拖入的计算图标命名为"题目数量"，双击打开图标并输入"x：=NumEntry"语句定义变量 x，如图 9-8 所示。

（8）图标设置：右击计算图标选择"交互"命令，设置计算图标交互类型，打开"响应"选项卡，单击"分支"后 ▼ 按钮选择"退出交互"选项，将该计算图标的分支设置为"退出交互"，如图 9-9 所示。

（9）添加决策图标：将页面左侧图标栏中的 ◇ 图标拖入工作区即添加决策图标，右

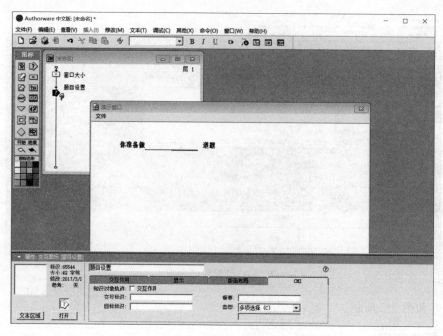

图 9-6　添加文本样式

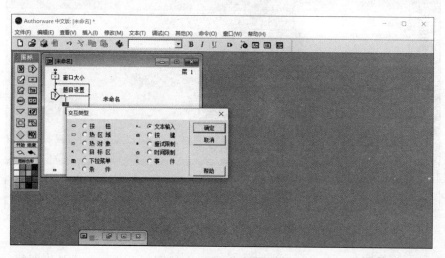

图 9-7　添加计算图标

击图标选择"属性"选项打开属性面板,在属性面板中将图标命名为"所有题目",单击"重复"栏后▼按钮选择固定的循环次数,数目为 x,设定循环时间为 10 倍的 x 秒,如图 9-10所示。

(10) 添加群组图标:将页面左侧图标栏中的▣图标拖入决策图标下方即添加群组图标,右击图标选择"属性"选项打开属性面板,在属性面板中将图标命名为"题目",如图 9-11 所示。

(11) 设置群组图标:双击打开群组图标,拖入一个▣图标即添加一个计算图标,在

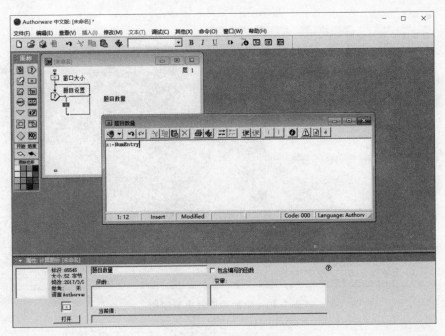

图 9-8　命名计算图标并定义变量

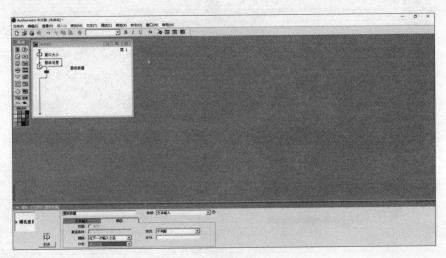

图 9-9　设置计算图标

属性面板将其命名为"设置题目"，如图 9-12 所示。

（12）编辑计算图标：双击打开计算图标，定义 a 和 b 分别是两个 100 以内的随机数，并通过判断和交换使得 a 为较大值，c 为 a－b 的值。输入语句如下（如图 9-13 所示）：

```
a:=Randow(1, 99,1)
b:=Randow(1, 99,1)
if a<b then
    c:=a
```

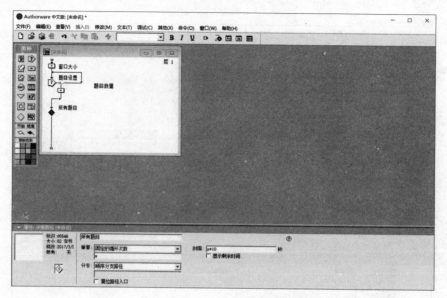

图 9-10　添加并设置决策图标

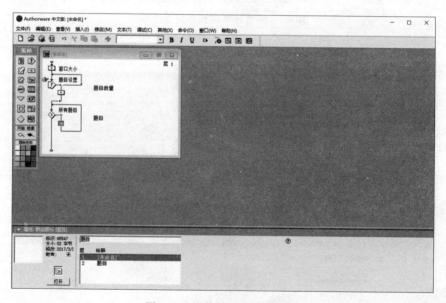

图 9-11　添加并设置群组图标

```
    a:=b
    b:=c
end if
c:=a-b
```

　　(13) 添加显示图标：将页面左侧图标栏中的 图标拖入工作区即添加显示图标，右击图标选择"属性"选项打开属性面板，在属性面板中将图标命名为"题目显示"，并双击打开图标，设置样式，如图 9-14 所示。

图 9-12　设置群组图标

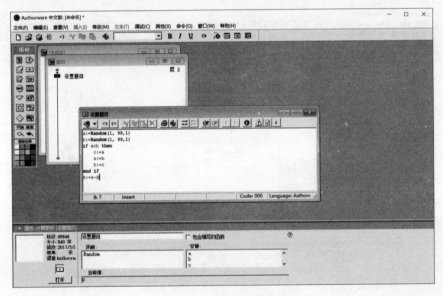

图 9-13　编辑计算图标

（14）添加交互图标：新拖入一个 图标即添加一个人交互图标，在属性面板中将其命名为"输入"，并双击打开工具栏设置样式，如图 9-15 所示。

（15）添加群组图标：新拖入一个 图标即添加一个人群组图标，在属性面板将其命名为"＊"，设置其交互类型为"输入文本"，右击图标选择"交互"命令，在属性面板中打开"响应"选项卡，单击"分支"栏后 按钮选择"继续"，将其分支属性设置为"继续"，如图 9-16 所示。

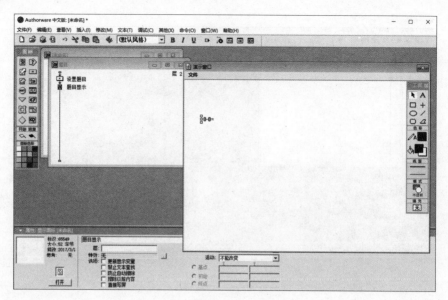

图 9-14　添加并命名显示图标

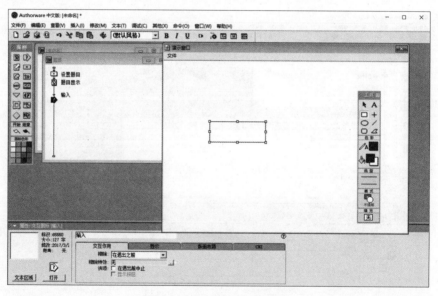

图 9-15　添加并命名交互图标

（16）编辑群组图标：双击打开群组图标，新拖入一个 即新添加一个计算图标，双击计算图标，输入语句"y：＝NumEntry"定义变量 y，如图 9-17 所示。

（17）添加群组图标：继续拖入一个 图标即添加群组图标，将其命名为 m<>y，如图 9-18 所示。

（18）编辑群组图标：双击打开新拖入的这个群组图标，新拖入一个 图标即添加一个显示图标，双击打开显示图标，利用工具栏 A 工具添加"答案错误!"字样样式，如图 9-19 所示。

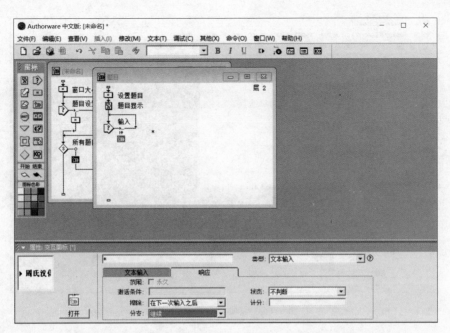

图 9-16　添加并设置群组图标

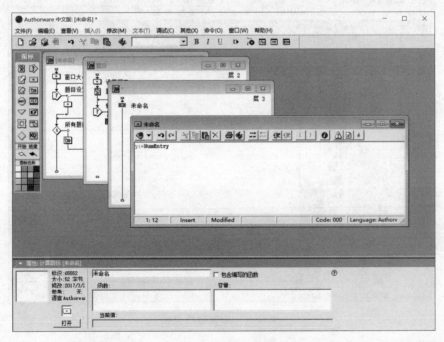

图 9-17　编辑群组图标

（19）添加等待图标：将页面左侧图标栏中的 ⑩ 图标拖入工作区即添加等待图标，右击图标选择"属性"选项打开属性面板，在属性面板中将其时限设置为 1 秒，取消勾选"按任意键""显示倒计时"两栏，如图 9-20 所示。

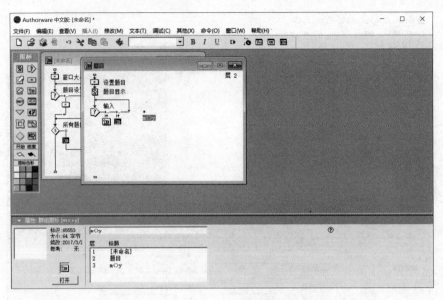

图 9-18　添加并命名群组图标

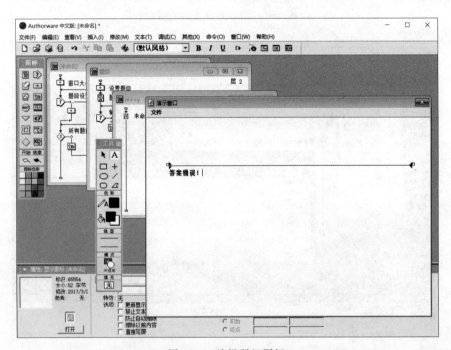

图 9-19　编辑群组图标

（20）编辑群组图标：右击之前添加的群组图标选择"交互"命令，在属性面板中单击"类型"栏后的 ▼ 按钮，将类型选择为"条件"，打开"打开条件"选项卡，在条件栏中输入"m<>y"，如图 9-21 所示。打开"打开响应"选项卡，单击"分支"栏后按钮 ▼ 将分支选为"重试"，如图 9-22 所示。

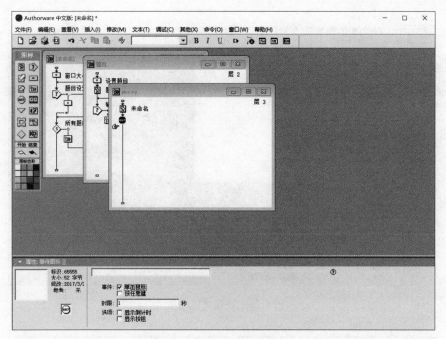

图 9-20　添加并设置等待图标

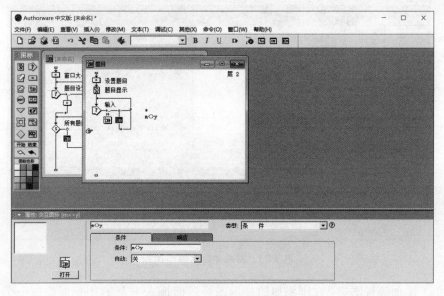

图 9-21　编辑群组图标

（21）添加群组图标：拖入 图标即添加第三个群组图标，在属性面板中将其命名为 m＝y，如图 9-23 所示。

（22）编辑群组图标：双击打开图标，再拖入一个 图标即添加显示图标，双击打开显示图标，利用工具栏 Ａ 工具添加"回答正确！"文字样式，如图 9-24 所示。

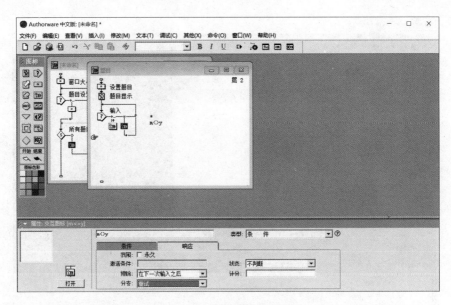

图 9-22 设置响应选项卡

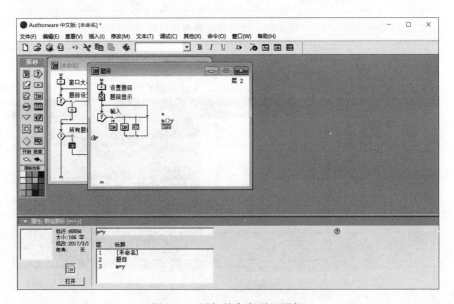

图 9-23 添加并命名群组图标

(23)添加等待图标：在刚添加的显示图标后面拖入一个 图标即添加一个人等待按钮，在属性面板中将其时限设置为 1 秒，如图 9-25 所示。

(24)编辑群组图标：右击之前添加的第三个群组图标选择"交互"命令，在属性面板中单击"类型"栏后的 ▼ 按钮，将类型选择为"条件"，打开"打开条件"选项卡，在条件栏中输入"m＝y"，单击"自动"栏后 ▼ 按钮选择"为真"，如图 9-26 所示。打开"打开响应"选项卡，单击"分支"栏后按钮 ▼ 将分支选为"退出交互"，如图 9-27 所示。

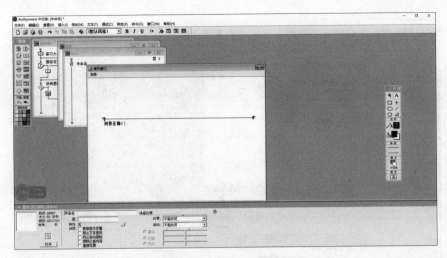

图 9-24　编辑群组图标

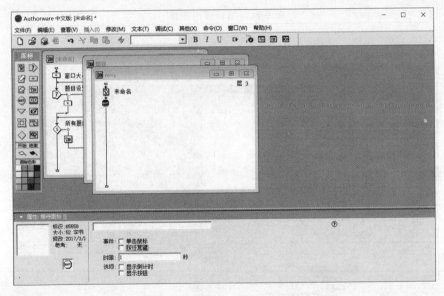

图 9-25　添加并设置等待图标

（25）添加超时判断：在末尾拖入一个判断图标，在属性面板中将其命名为"提示"，做是否超时的判断，如图 9-28 所示。

（26）添加群组图标：拖入一个圖图标即添加一个群组图标，在属性面板中将其命名为"没有超时"；双击打开群组图标拖入一个圖图标即添加一个显示图标，在属性面板中将其命名为"没有超时"；双击打开显示图标，利用工具栏圖工具添加"没有超时"文字样式，如图 9-29 所示；再在显示图标下拖入一个圖图标即添加一个等待图标，在属性面板中将其时限设置为 2 秒，如图 9-30 所示。

（27）添加群组图标：拖入一个圖图标即添加一个群组图标，在属性面板中将其命名

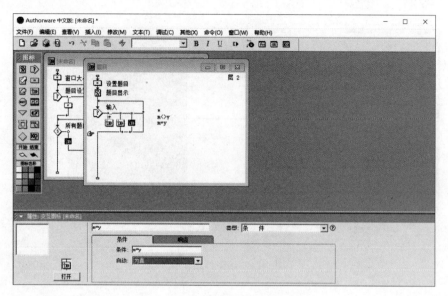

图 9-26　编辑群组图标

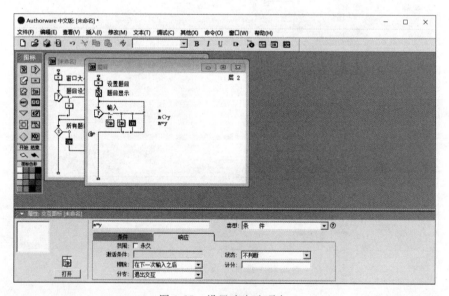

图 9-27　设置响应选项卡

为"超时"；双击打开群组图标拖入一个 圖 图标即添加一个显示图标，在属性面板中将其命名为"超时"，如图 9-31 所示；双击打开显示图标，利用工具栏 A 工具添加"没有超时"文字样式；再在显示图标下拖入一个 圖 图标即添加一个等待图标，在属性面板中将其时限设置为 2 秒，如图 9-32 所示。

（28）保存并测试运行：结束编辑，单击主菜单"文件"选择"保存"或选择"发布"命令，如图 9-33 所示。根据所需设置格式，可使文件脱离 Authorware 平台运行，如图 9-34 所示。测试运行，单击主菜单"调试"选择"重新开始"命令，如图 9-35 所示。

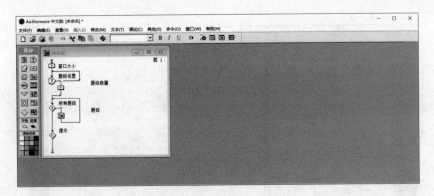

图 9-28　添加并命名判断图标

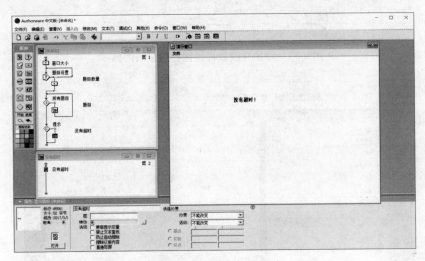

图 9-29　添加并设置群组图标与显示图标

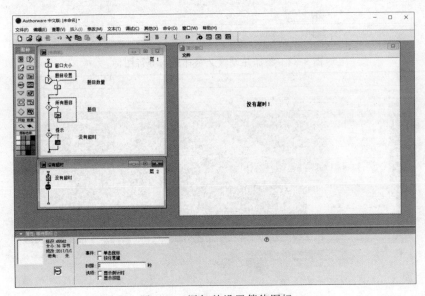

图 9-30　添加并设置等待图标

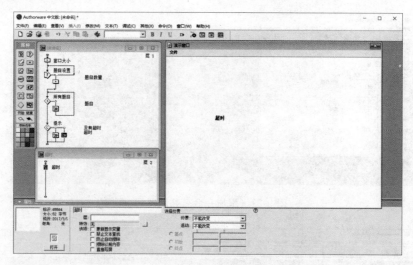

图 9-31　添加并设置群组图标与显示图标

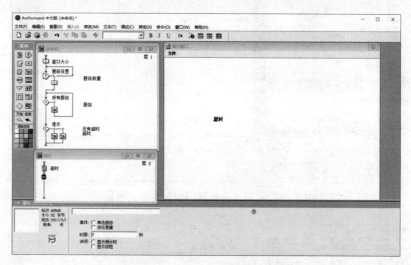

图 9-32　添加并设置文字样式与等待图标

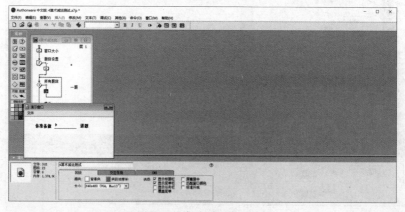

图 9-33　保存或发布文件

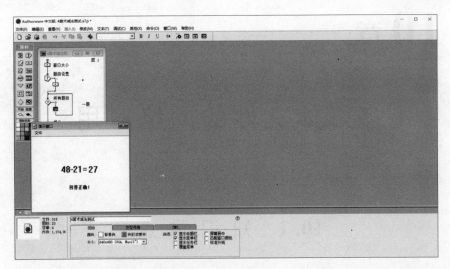

图 9-34　运行文件

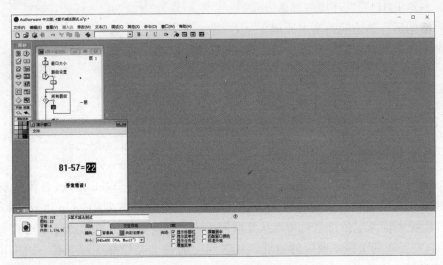

图 9-35　重新运行文件

7. 拓展实验

（1）使用 Authorware 制作模拟足球小游戏。

（2）使用 Authorware 制作多媒体技术测试系统。

8. 思考题

（1）什么样的文件可以被导入到 Authorware 软件中？

（2）Authorware 可以使文字产生动画效果吗？

第10章

多媒体文件的网络应用

10.1 知识重点

通过本章多媒体技术的学习与实践,读者应扎实掌握以下重点内容:

(1) 本地 PHP 开发环境的部署方式。

(2) 网站运行与访问的基本原理。

(3) 多媒体信息在网络环境中的上传、下载、访问与显示方式。

10.2 实验资料

1. 相关知识点

(1) 统一资源定位符: Internet 上的信息资源分布在各个 Web 站点,要找到所需信息就必须有一种确定信息资源位置的方法,即统一资源定位符 URL(Uniform Resource Locator)。统一资源定位符是对可以从互联网上得到的资源的位置和访问方法的一种简洁的表示,是互联网上标准资源的地址。互联网上的每个文件都有一个唯一的 URL,它包含的信息指出文件的位置以及浏览器应该怎么处理它。它最初是由蒂姆·伯纳斯·李发明用来作为万维网的地址的。现在它已经被万维网联盟选定为因特网标准。

(2) 超文本编辑语言: HTML(HyperText Markup Language,超文本标记语言)是一种专门用于创建 Web 超文本文档的编程语言,它能告诉 Web 浏览程序如何显示 Web 文档的信息,如何链接各种信息。使用 HTML 语言可以在其生成的文档中含有其他文档,或者含有图像、声音、视频等,从而形成超文本。超文本文档本身并不真正含有其他的文档,它仅仅含有指向这些文档的指针,这些指针就是超链接。HTML 是用来制作网页的语言,网页中的每个元素都需要用 HTML 规定的专门标记来定义。

(3) 数据库: 数据库(Database)是按照数据结构来组织、存储和管理数据的仓库,它产生于距今六十多年前,随着信息技术和市场的发展,特别是 20 世纪 90 年代以后,数据管理不再仅仅是存储和管理数据,而转变成用户所需要的各种数据管理的方式。数据库有很多种类型,从最简单的存储有各种数据的表格到能够进行海量数据存储的大型数据库系统都在各个方面得到了广泛的应用。

2. 相关工具

（1）XAMPP：XAMPP 是完全免费且易于安装的 Apache 发行版，其中包含 MariaDB、PHP 和 Perl。作为目前非常流行的 PHP 开发环境，XAMPP 开放源码包的设置让网站的安装、使用与测试十分容易。XAMPP 旨在克服用户在配置 Apache 服务器及添加 MySQL、PHP 和 Perl 等所面临的困难，使用户只需要下载→解压缩→启动即可。

（2）Apache：Apache 是世界使用排名第一的 Web 服务器软件。它可以运行在几乎所有广泛使用的计算机平台上，由于其跨平台和安全性被广泛使用，是最流行的 Web 服务器端软件之一。它快速、可靠并且可通过简单的 API 扩充，将 Perl/Python 等解释器编译到服务器中。

（3）MySQL：MySQL 是一个关系型数据库管理系统，由瑞典 MySQL AB 公司开发，目前属于 Oracle 旗下产品。MySQL 是最流行的关系型数据库管理系统之一，在 Web 应用方面，MySQL 是最好的关系数据库管理系统（RDBMS）应用软件，其将数据保存在不同的表中，而不是将所有数据放在一个大仓库内，从而增加了速度并提高了灵活性。MySQL 所使用的 SQL 语言是用于访问数据库的最常用的标准化语言。由于其体积小、速度快、总体拥有成本低，尤其是开放源码这一特点，一般中小型网站的开发都选择 MySQL 作为网站数据库。

（4）WordPress：WordPress 是一个注重美学、易用性和网络标准的个人信息发布平台。WordPress 虽为免费的开源软件，但其价值无法用金钱来衡量。WordPress 的图形设计在性能上易于操作、易于浏览；在外观上优雅大方、风格清新、色彩诱人。使用 WordPress 可以搭建功能强大的网络信息发布平台，使用户省却对后台技术的担心，集中精力做好网站的内容。

（5）PHP：PHP（Hypertext Preprocessor）是一种通用的开源脚本语言。语法吸收了 C 语言、Java 和 Perl 语言的特点，利于学习，使用广泛，主要适用于 Web 开发领域。PHP 独特的语法混合了 C、Java、Perl 以及 PHP 自创的语法，它可以比 CGI 或者 Perl 更快速地执行动态网页。用 PHP 做出的动态页面与其他的编程语言相比，由于 PHP 是将程序嵌入到 HTML 文档中去执行，执行效率比完全生成 HTML 标记的 CGI 要高许多；PHP 还可以执行编译后的代码，编译可以达到加密和优化代码运行，使代码运行更快。

10.3 实验项目：XAMPP 软件的安装部署

1. 实验名称

XAMPP 软件的安装部署。

2. 实验目的

（1）掌握 XAMPP 软件的部署与使用方式。

（2）理解网站运行的主要原理以及多媒体文件的显示方式。

（3）了解常用的网站开发语言及其特点。

3. 实验类型

创新型。

4. 实验环境

（1）接入互联网、预装 Windows 操作系统的计算机。

（2）XAMPP（免费下载地址：https://www.apachefriends.org/zh_cn/about.html）。

5. 实验内容

（1）使用 XAMPP 软件部署 PHP 开发环境。

（2）使用 HTML 语言构建简易的多媒体网页。

6. 参考流程

（1）使用 XAMPP 软件部署 PHP 开发环境。

① 选择安装内容：XAMPP 软件的安装对后续功能的使用影响较大。首先运行 XAMPP 的安装文件，在 Select Components 界面中选中需要的安装内容，如图 10-1 所示，在 Installation folder 界面中选择安装位置，如图 10-2 所示。

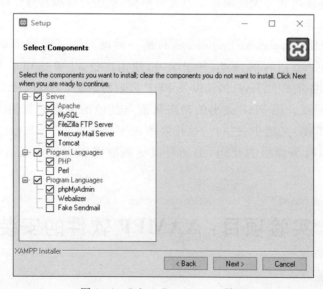

图 10-1　Select Components 界面

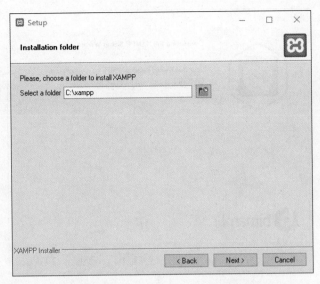

图 10-2　Installation folder 界面

　　② 完成安装：单击 Next 按钮进行安装，如图 10-3 所示。在安装过程结束后单击 Finish 按钮完成整个过程并启动 XAMPP 控制台界面，如图 10-4 所示。

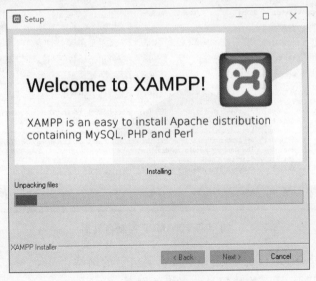

图 10-3　安装文件

　　③ 运行软件：进入 XAMPP 控制台界面，如图 10-5 所示，依次单击 Apache、MySQL 对应的 Start 按钮，启动 Apache 与 MySQL 服务，如图 10-6 所示。

　　④ 运行状态检测：当 XAMPP 控制台界面的 Apache 与 MySQL 状态均显示为绿色时表示 Apache 与 MySQL 运行正常。可以继续单击 Apache 与 MySQL 右侧的 Admin 按钮，或者在浏览器中输入"http：//localhost/dashboard/"及"http：//localhost/phpmyadmin/"，跳转到本地主机页面，如图 10-7 所示，如分别显示图 10-8 中的信息则证

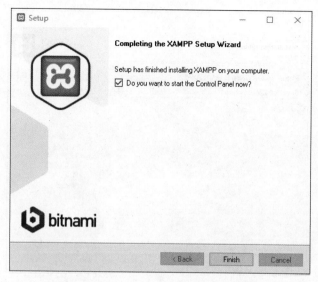

图 10-4　文件安装完成

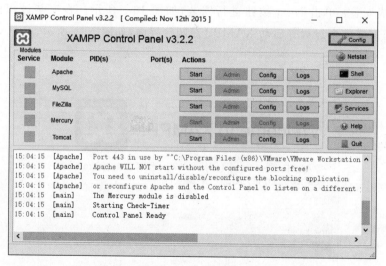

图 10-5　XAMPP 控制台界面

明 Apache 与 MySQL 运行正常,可以继续部署自己的网站。

（2）使用 HTML 语言构建简易的多媒体网页。

① 新建网站空间：host 所对应的本地主机根目录为 C：\xampp\htdocs,新建文件夹并命名为网站的英文简称,例如 multimedia,如图 10-9 所示。

② 新建网页文件：在目录 C：\xampp\htdocs\multimedia 中新建文本文件,输入 HTML 代码,并另存为 index. html。根据网页内容的需要,可在 multimedia 文件夹下添加图片、音频、视频等多媒体文件,并通过 HTML 代码引用;也可通过输入多媒体图片的网络地址,使用 URL 访问调用,如图 10-10 所示。

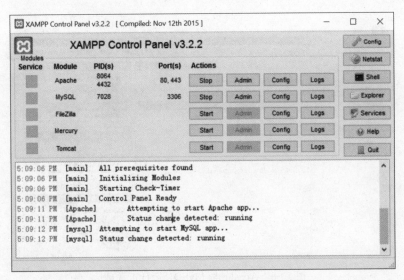

图 10-6　启动 Apache 与 MySQL 服务

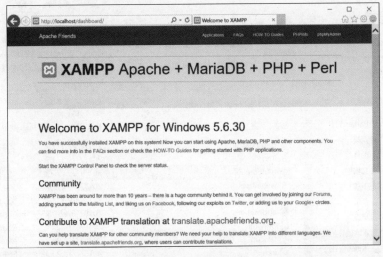

图 10-7　本地主机页面

③ 访问网页文件：在浏览器中输入"http：//localhost/multimedia/"，即可将上一步骤中输入的 HTML 代码显示为对应的多媒体网页内容，如图 10-11 所示。在实际中，可以通过不同的脚本和程序语言实现更丰富的页面编辑，也可以通过 Dreamweaver、FrontPage 等网页程序编辑器实现复杂页面的生成、编辑与美化。

7. 拓展实验

（1）使用 FTP 软件实现对网站目录中文件的访问。

（2）使用浏览器的查看网站源代码功能浏览常见网站的源代码。

（3）使用云服务器、云主机等在线空间创建个人网站。

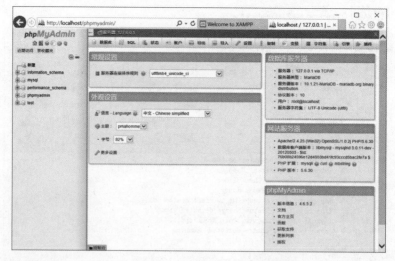

图 10-8　Apache 与 MySQL 运行正常显示

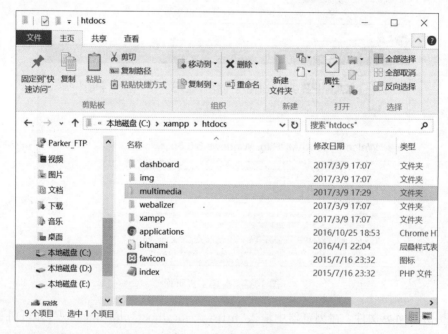

图 10-9　新建网站空间

8. 思考题

（1）统一资源定位符（URL）是如何定位多媒体文件的？

（2）HTML 语言是如何表示多媒体文件的？

（3）从输入网址到显示网页，中间发生了哪些关键过程？

```
index - 记事本
文件(F)  编辑(E)  格式(O)  查看(V)  帮助(H)
<html>
<head>
<title>多媒体技术基础网页</title>
</head>

<body background="./1.jpg">
</br></br></br>
<h1>东北大学简介</h1>
<h2>东北大学始建于1923年，是一所具有爱国主义光荣传统、学科结构完善、学术实力
雄厚、产学研用办学特色鲜明的教育部直属的国家重点大学，是国家首批"211工
程"和"985工程"重点建设的高水平大学。在90余年的办学历程中，东北大学始终坚持与
国家发展和民族复兴同向同行，为国家和社会培养各类优秀人才，在国民经济建设中做
出了重要贡献。
</h1>
<p><center>2017-03-31 </center></p>
<p><center>东北大学  www.neu.edu.cn</center></p>
</body>
</html>
```

图 10-10 新建网页文件

图 10-11 访问网页文件

10.4 实验项目：WordPress 网站平台的安装部署

1. 实验名称

WordPress 网站平台的安装部署。

2. 实验目的

（1）掌握 WordPress 网站平台的部署方法。

（2）理解 WordPress 网站平台的运行原理及使用方式。

3. 实验类型

创新型。

4. 实验环境

（1）接入互联网、预装 Windows 操作系统的计算机。

（2）XAMPP 环境，WordPress 安装包（免费下载地址：https：//cn. wordpress. org）。

5. 实验内容

（1）创建 SQL 网站数据库。

（2）安装部署 WordPress 网站平台。

（3）WordPress 网站平台对多媒体文件的操作。

6. 参考流程

（1）创建 SQL 网站数据库。

① 运行软件：进入 XAMPP 控制台界面，如图 10-12 所示，依次单击 Apache、MySQL 对应的 Start 按钮，启动 Apache 与 MySQL 服务，如图 10-13 所示。

② 登录 MySQL：当 XAMPP 控制台界面的 Apache 与 MySQL 状态均显示为绿色时，单击 MySQL 右侧的 Admin 按钮，或者在浏览器中输入"http：//localhost/phpmyadmin/"，跳转到 MySQL 数据库管理界面，如图 10-14 所示。

③ 新建数据库：单击左侧"新建"按钮，在弹出的数据库中输入数据库名称，例如 multimedia，单击"创建"按钮，生成名为 multimedia 的数据库，如图 10-15 所示。本实验中可使用默认的根用户（root）登录数据库，如有需要也可进一步通过"账户"按钮新建用户账户并赋予权限。

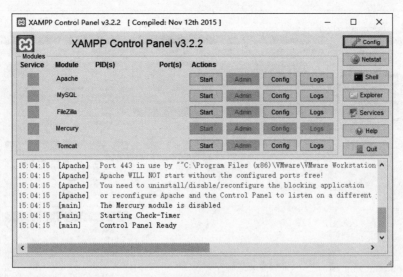

图 10-12　XAMPP 控制台界面

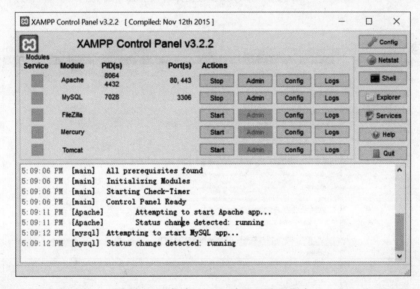

图 10-13　启动 Apache 与 MySQL 服务

（2）安装部署 WordPress 网站平台。

① 复制网站程序文件：将 WordPress 程序压缩包复制到 C：\xampp\htdocs 目录，如图 10-16 所示。将该压缩包解压缩，得到 C：\xampp\htdocs\wordpress 文件夹，如图 10-17 所示。

② 运行配置程序：在浏览器中输入"http：//localhost/wordpress"，启动 WordPress 配置程序，如图 10-18 所示，单击"现在就开始"按钮。

③ 调整配置文件：在页面中输入数据库名 multimedia、数据库用户名 root、密码留空，其他信息缺省即可，如图 10-19 所示。单击"提交"按钮，并在接下来的确认页面中单

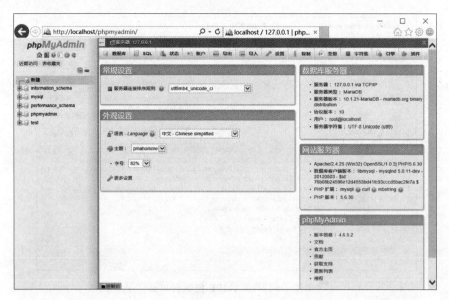

图 10-14　MySQL 数据库管理界面

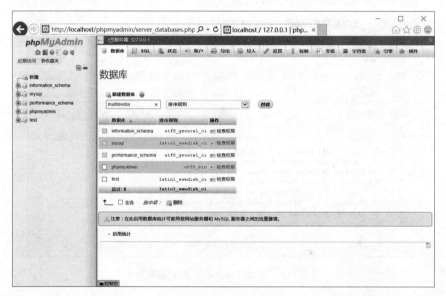

图 10-15　新建并命名数据库

击"进行安装"按钮,如图 10-20 所示。

④ 建立用户并完成安装:在页面中输入网站的站点标题、管理员用户名、密码、电子邮件等信息,单击"安装 WordPress",完成最后的安装,如图 10-21 所示。

(3) WordPress 网站平台对多媒体文件的操作。

① 进入网站后台:在浏览器中输入"http://localhost/wordpress/wp-admin",进入。WordPress 网站后台,并输入之前设置的管理员用户名及密码,单击"登录"按钮,如图 10-22 所示,进而进入网站的后台页面,如图 10-23 所示。

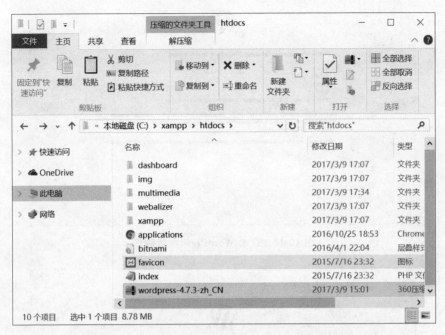

图 10-16　复制 WordPress 程序压缩包到指定目录

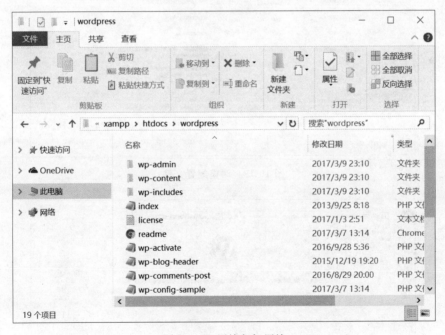

图 10-17　压缩包解压缩

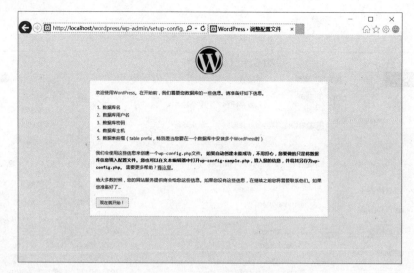

图 10-18　启动 WordPress 配置程序

图 10-19　调整配置文件

图 10-20　确认页面

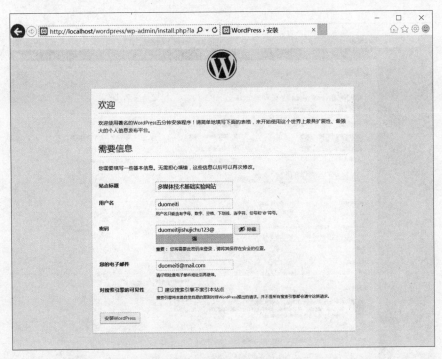

图 10-21　建立用户并完成安装

图 10-22　账号登录网站后台

　　② 进入文章编辑页面：在网站后台单击"文章"→"写文章"命令，如图 10-24 所示，进入"撰写新文章"页面，如图 10-25 所示。

　　③ 多媒体信息录入：既可以在发布页面的编辑器中输入文字，也可以通过"添加媒

图 10-23　网站后台页面

图 10-24　"写文章"按钮选择

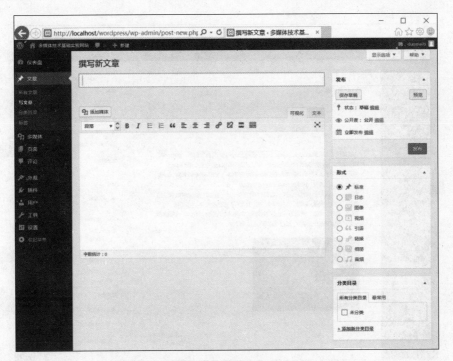

图 10-25　"撰写新文章"页面

体"功能插入音频、视频、动画和图片，如图 10-26 所示。在单击"发布"按钮后，即可实现多媒体信息的网站文章发布，如图 10-27 所示。

图 10-26　多媒体信息录入

第 10 章　多媒体文件的网络应用　　193

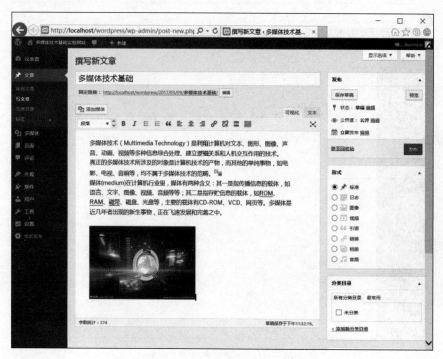

图 10-27　单击"发布"按钮完成网站文章发布

7. 拓展实验

（1）使用 WordPress 主题构建个性化网站。

（2）使用 WordPress 插件实现特定的功能。

（3）使用其他网站平台实现快速的网站部署。

（4）学习 WordPress 网站的备份与恢复方法。

8. 思考题

（1）有哪些知名网站使用了 WordPress 程序？

（2）数据库在网站运行过程中起到了什么作用？

第11章

多媒体文件的科研应用

11.1　知 识 重 点

通过本章多媒体技术的学习与实践,读者应扎实掌握以下重点内容:

(1) 了解 MATLAB 软件的基本使用方式。

(2) 了解 AnyLogic 软件的基本使用方式。

(3) 了解多媒体文件、可视化技术在科研领域中的作用。

(4) 了解基于智能体的模型构建方式。

11.2　实 验 资 料

1. 相关知识点

(1) 建模:建模是指使用模型尤其是计算机程序模型描述一个系统的行为。就是一个实际系统模型化的过程。对于同一个实际系统,人们可以根据不同的用途和目的建立不同的模型。建立系统模型的过程,又称模型化。建模是研究系统的重要手段和前提。凡是用模型描述系统的因果关系或相互关系的过程都属于建模。因描述的关系各异,所以实现这一过程的手段和方法也是多种多样的。可以通过对系统本身运动规律的分析,根据事物的机理来建模;也可以通过对系统的实验或统计数据的处理,并根据关于系统的已有的知识和经验来建模,还可以同时使用几种方法。

(2) 可视化:可视化是利用计算机图形学和图像处理技术,将数据转换成图形或图像在屏幕上显示出来,并进行交互处理的理论、方法和技术。它涉及计算机图形学、图像处理、计算机视觉、计算机辅助设计等多个领域,成为研究数据表示、数据处理、决策分析等一系列问题的综合技术。目前正在飞速发展的虚拟现实技术也是以图形图像的可视化技术为依托的。可视化技术最早运用于计算机科学中,并形成了可视化技术的一个重要分支——科学计算可视化。科学计算可视化能够把科学数据,包括测量获得的数值、图像或是计算中涉及、产生的数字信息变为直观的、以图形图像信息表示的、随时间和空间变化的物理现象或物理量呈现在研究者面前,使他们能够观察、模拟和计算。

（3）JavaScript：JavaScript是一种直译式的、动态类型、弱类型、基于原型的脚本语言。它的解释器被称为JavaScript引擎，是浏览器的一部分。作为目前广泛用于客户端的脚本语言，JavaScript最早在HTML网页上使用，并为网页增加动态功能。在1995年时，由Netscape公司的Brendan Eich，在网景浏览器上首次设计实现而成。因为Netscape与Sun合作，Netscape管理层希望它外观看起来像Java，因此取名为JavaScript。但实际上它的语法风格与Self及Scheme较为接近。

（4）地理信息系统：地理信息系统（GIS）是一门综合性学科，结合地理学与地图学以及遥感和计算机科学，已经广泛应用在不同的领域，是用于输入、存储、查询、分析和显示地理数据的计算机系统，随着GIS的发展，也有称GIS为"地理信息科学"（Geographic Information Science)或"地理信息服务"（Geographic Information Service)。GIS是一种基于计算机的工具，它可以对空间信息进行分析和处理（简而言之，是对地球上存在的现象和发生的事件进行成图和分析）。GIS技术把地图这种独特的视觉化效果和地理分析功能与一般的数据库操作（例如查询和统计分析等）集成在一起。

（5）API：API（Application Programming Interface)名为应用编程接口，是一组作为应用程序呼叫某个功能与服务的函数。开发人员可依据API函数编写程序，让操作系统或某个程序激活某个程序以执行特定的功能。

（6）SDK：SDK（Software Development Kit)名为软件开发工具包，是一些软件工程师为特定的软件包、软件框架、硬件平台、操作系统等建立应用软件时的开发工具的集合。SDK中包括的典型工具包括用于调试和其他用途的实用工具，以及示例代码、支持性的技术注解或者其他的为基本参考资料澄清疑点的支持文档。

2. 相关工具

（1）MATLAB：MATLAB是美国MathWorks公司出品的商业数学软件，用于算法开发、数据可视化、数据分析以及数值计算的高级技术计算语言和交互式环境。它将数值分析、矩阵计算、科学数据可视化以及非线性动态系统的建模和仿真等诸多强大功能集成在一个易于使用的视窗环境中，为科学研究、工程设计以及必须进行有效数值计算的众多科学领域提供了一种全面的解决方案，并在很大程度上摆脱了传统非交互式程序设计语言的编辑模式，在当今国际科学计算软件中处于领先水平。

（2）AnyLogic：AnyLogic是一款应用广泛的，对离散、系统动力学、多智能体和混合系统建模和仿真的工具。它的应用领域包括物流、供应链、制造生产业、行人交通仿真、行人疏散、城市规划建筑设计、Petri网、城市发展及生态环境、经济学、业务流程、服务系统、应急管理、GIS信息、公共政策、港口机场、疾病扩散等。AnyLogic以复杂系统设计方法论为基础，将UML语言引入模型仿真领域，支持多种方法相混合的模型构建。

（3）ArcGIS：ArcGIS是Esri公司集40余年地理信息系统（GIS）咨询和研发经验，提供给用户的一套完整的GIS平台产品，具有强大的地图制作、空间数据管理、空间分析、空间信息整合、发布与共享的能力。2014年底，ArcGIS 10.3正式发布。ArcGIS 10.3中以用户为中心的全新授权模式，支持三维"内芯"、桌面GIS应用，可配置的服务器门户，即拿即用的Apps，更多应用开发新选择，数据开放新潮流，为构建新一代Web GIS应用提供了更强有力的支持。

11.3　实验项目：基于 MATLAB
的多媒体文件制作

1. 实验名称

基于 MATLAB 的多媒体文件制作。

2. 实验目的

(1) 了解 MATLAB 软件的基本使用方式。
(2) 了解利用 MATLAB 生成多媒体文件的方式。

3. 实验类型

创新型。

4. 实验环境

(1) 接入互联网、预装 Windows 操作系统的计算机。
(2) MATLAB 软件。

5. 实验内容

(1) 使用 MATLAB 生成图片文件。
(2) 使用 MATLAB 生成音频文件。

6. 参考流程

(1) 使用 MATLAB 生成图片文件。
① 运行软件：运行 MATLAB 软件，进入软件主界面，如图 11-1 所示。
② 新建脚本：单击新建脚本按钮，并单击保存按钮，将脚本文件命名并保存。本例中保存位置为桌面，文件名为 redheart.m，如图 11-2 所示。
③ 输入程序：在编辑器中输入以下程序代码，并保存，如图 11-3 所示。

```
clc;
const=0;
x=-5:0.05:5;y=-5:0.05:5;z=-5:0.05:5;
[x,y,z]=meshgrid(x,y,z);
f=(x.^2 +(9/4) * y.^2 +z.^2 -1).^3 -x.^2.* z.^3 -(9/80) * y.^2.* z.^3-const;
p=patch(isosurface(x,y,z,f,0));
set(p, 'FaceColor', 'red', 'EdgeColor', 'none');
daspect([1 1 1])
view(3)
camlight; lighting phong
```

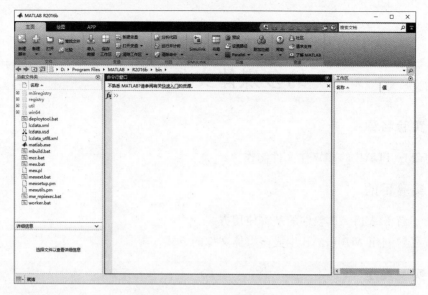

图 11-1　MATLAB 软件主界面

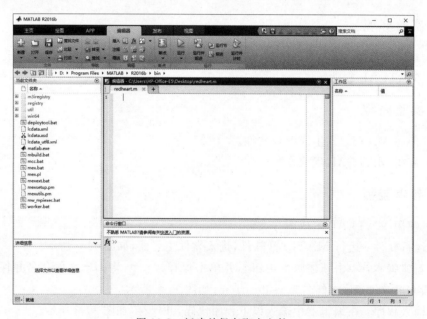

图 11-2　新建并保存脚本文件

④ 运行：单击运行按钮 启动脚本程序，如弹出 MATLAB 编辑器窗口，则单击"添加到路径"按钮，如图 11-4 所示。

⑤ 实验结果：仿真结束后，会弹出 Figure1 窗口，显示本实验的仿真结果——一个三维的红色心形，如图 11-5 所示。在窗口中单击"文件"→"另存为"命令，即可将该图片保存成多种图片格式。

（2）使用 MATLAB 生成音频文件。

① 运行软件：运行 MATLAB 软件，进入软件主界面，如图 11-6 所示。

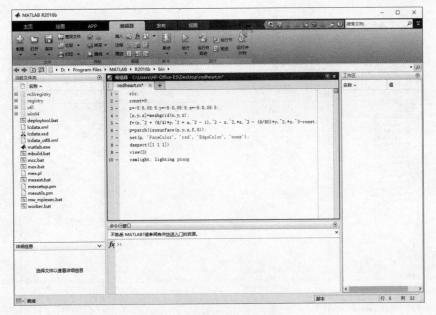

图 11-3　输入并保存程序代码

图 11-4　MATLAB 编辑器窗口

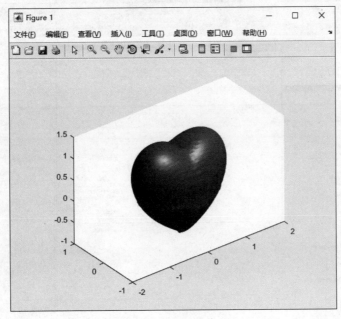

图 11-5　Figure1 窗口

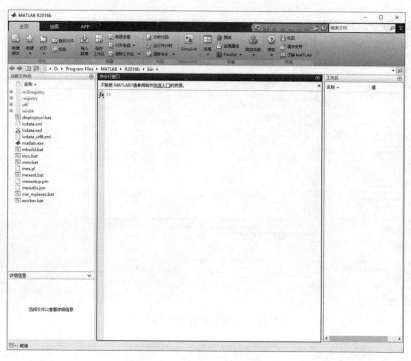

图 11-6　MATLAB 软件主界面

　　② 新建脚本：单击新建脚本按钮，并单击保存按钮，将脚本文件命名并保存。本例中保存位置为桌面，文件名为 phonedial.m，如图 11-7 所示。

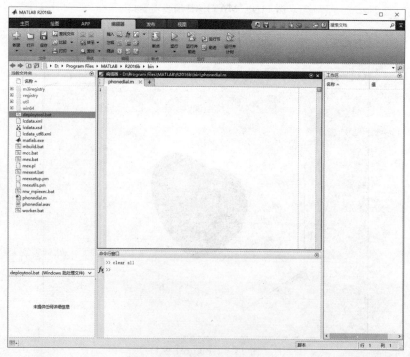

图 11-7　新建并保存脚本文件

③ 输入程序：在编辑器中输入以下程序代码，并保存，如图 11-8 所示。

```
clc;
for n = 1 : 999
d5(n) = sin(0.5906 * n) + sin(1.0245 * n);
end;
sound(d5, 8192)
d6=d5/2; % avoid to be clipped
audiowrite('phonedial.wav',d6,8192);
```

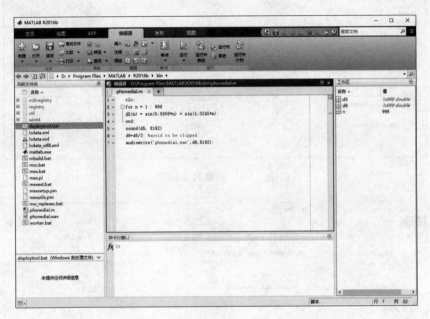

图 11-8　输入并保存程序代码

④ 运行：单击运行按钮 ▶ 启动脚本程序，如图 11-9 所示。

⑤ 实验结果：程序运行后会在计算机的音箱中播放手机拨号的声音，并会在程序目录中生成名为 phonedial.wav 的音频文件，如图 11-10 所示，该音频文件和其他多媒体音频文件一样，可以在其他设备中播放或处理。

7. 拓展实验

(1) 尝试修改程序中的各项数值，观察实验结果。

(2) 尝试使用 MATLAB 软件生成其他形状、颜色的图形。

(3) 尝试使用 MATLAB 软件生成其他旋律的音调与音乐片段。

(4) 尝试使用 MATLAB 软件制作、编辑其他类型的多媒体文件。

8. 思考题

(1) MATLAB 生成的图形与绘图软件生成的图形有哪些异同？

(2) MATLAB 生成图像与音调的语句，每一行代码起到什么作用？

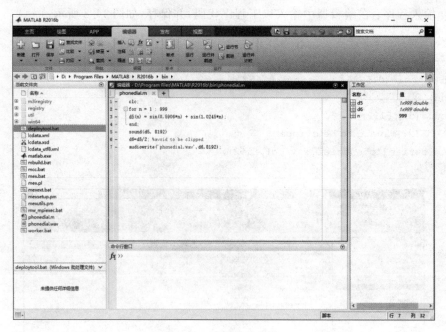

图 11-9　启动脚本程序

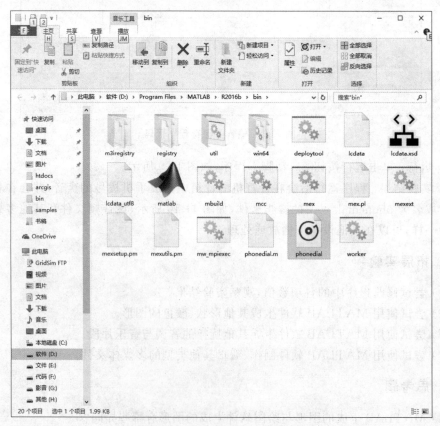

图 11-10　phonedial.wav 音频文件

11.4 实验项目：基于 AnyLogic 的 多媒体模型开发

1. 实验名称

基于 AnyLogic 的多媒体模型开发。

2. 实验目的

(1) 了解 AnyLogic 软件的基本使用方式。

(2) 了解多媒体文件在模型系统中的表现形式。

3. 实验类型

创新型。

4. 实验环境

(1) 接入互联网、预装 Windows 操作系统的计算机。

(2) AnyLogic(个人版免费下载地址：http://www.anylogic.com/downloads)。

5. 实验内容

(1) 基本智能体模型的构建与仿真。

(2) 智能体模型的运行与完善。

6. 参考流程

(1) 基本智能体模型的构建。

① 运行软件：运行 AnyLogic 软件，进入软件主界面，如图 11-11 所示。

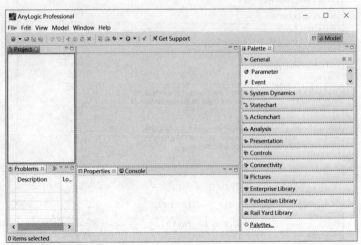

图 11-11　AnyLogic 软件主界面

② 启动模型向导：单击 File→New Model 命令，进入新建模型的向导界面；输入模型名称 multimedia，单击 Next 按钮，如图 11-12 所示；选择 Use template to create model，并在下方的 Choose modeling method 中选择 Agent-based，从而实现基于智能体模板的模型快速构建，单击 Next 按钮，如图 11-13 所示。

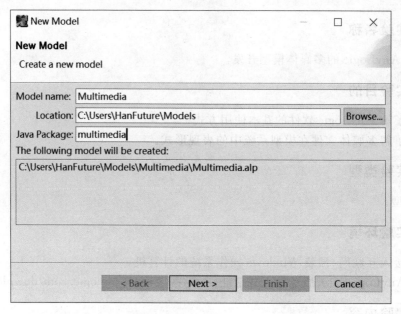

图 11-12　New Model 界面——模型名称设置

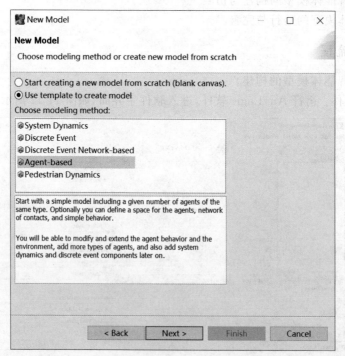

图 11-13　New Model 界面——智能体模型快速构建

多媒体技术及实践

③ 关键参数设置：在 Agent class name 及 Initial number of agents 中输入智能体类的名称及初始智能体数量，如图 11-14 所示，单击 Next 按钮；在此页面设置智能体空间的分布方式与尺寸，如图 11-15 所示，单击 Next 按钮。

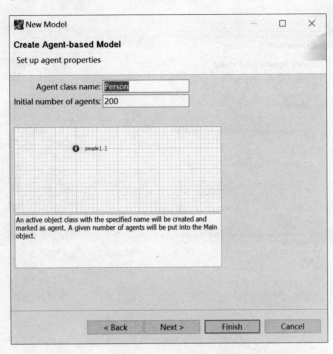

图 11-14　智能体类的名称及初始数量设置

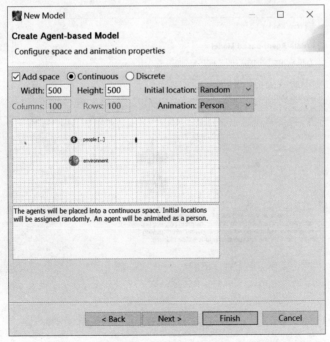

图 11-15　智能体的空间分布方式与尺寸设置

④ 动作与统计设置：在页面中勾选 Add random movement，为模型增加简单的运动，如图 11-16 所示，单击 Next 按钮；在页面中勾选 Add simple behavior 以及 Add statistics and charts，为模型中的智能体增加基本的交互动作及对应的多媒体图标统计工具，如图 11-17 所示。

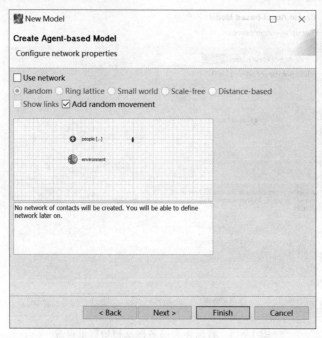

图 11-16　勾选 Add random movement

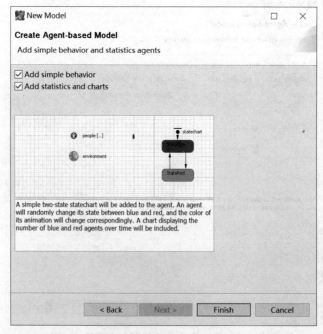

图 11-17　勾选 Add simple behavior 与 Add statistics and charts

⑤ 完成模型向导：继续单击 Finish 按钮完成模型的构建，如图 11-18 所示。

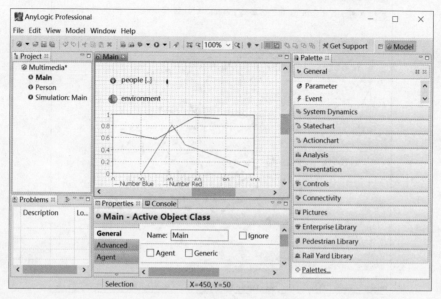

图 11-18　模型 Main 界面

（2）智能体模型的运行与完善。

① 运行模型：在 AnyLogic 主界面中单击 Run 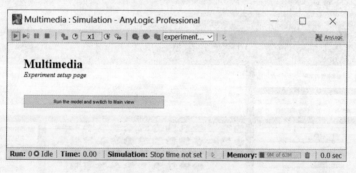 图标，或按快捷键 F5，启动模型，如图 11-19 所示。

图 11-19　启动模型

② 观察模型运行：单击图 11-19 中 Run the model and switch to Main view 按钮使模型开始运行。该模型模拟的是一个最基本的智能体模型，可以观察到由人形图像 ❙ 所表示的智能体个体开始随机地移动，并在移动过程中变色以模拟动态效果；与此同时，画面左侧的多媒体图表在动态显示系统中红色、蓝色智能体的统计数值，从而产生运行的结果如图 11-20 所示。

③ 丰富模型：图像等多媒体文件的导入以及运动轨迹等动态信息的设置，在智能体模型构建等科学研究中会极大地增强画面的表现力与结果的清晰度，从而有助于科研人员判定模型运行的有效性、构建具有良好人机交互界面、生动演示画面的模型与仿真系

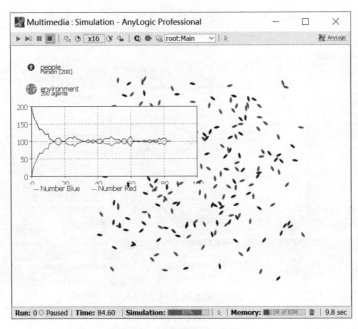

图 11-20　模型运行界面

统。读者可以利用 AnyLogic 模型提供的例程以及丰富的工具进行探索、完善。图 11-21 所示为"面向电动汽车大规模接入的微网智能体模型仿真系统"示例。

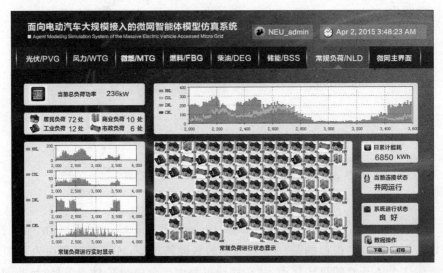

图 11-21　模型示例

7. 拓展实验

（1）使用 AnyLogic 构建系统动力学模型。

（2）使用 AnyLogic 构建多方法联合模型。

（3）将构建的模型导出为 Java 程序及网页程序。

8．思考题

（1）科学研究所用到的三维模型与游戏、电影中的三维模型有什么区别？

（2）多媒体技术在科学研究中起到了什么作用？

11.5 实验项目：基于 B/S 架构的地理信息系统实现

1．实验名称

基于 B/S 架构的地理信息系统实现。

2．实验目的

（1）了解 JavaScript 语言的基本使用方式。

（2）了解 B/S 架构的特点与应用。

（3）了解多媒体系统的实际使用。

（4）了解地理信息系统的特点与应用。

3．实验类型

创新型。

4．实验环境

（1）接入互联网、预装 Windows 操作系统的计算机。

（2）XAMPP，Notepad++。

5．实验内容

（1）基于 B/S 架构的地理信息系统部署。

（2）使用 SDK 工具提高地理信息系统开发效果。

（3）使用沙盒实现在线 JavaScript 编码。

6．参考流程

（1）基于 B/S 架构的地理信息系统部署。

① 运行软件：启动 XAMPP，进入 XAMPP 控制台界面，如图 11-22 所示，单击 Apache 对应的 Start 按钮，启动 Apache 服务。

② 访问 ArcGIS 开发者资源网站：访问 ArcGIS API for JavaScript 网址 https：//developers.ArcGIS.com/javascript/，单击下方的 Get the API 超链接进入到 API 下载页

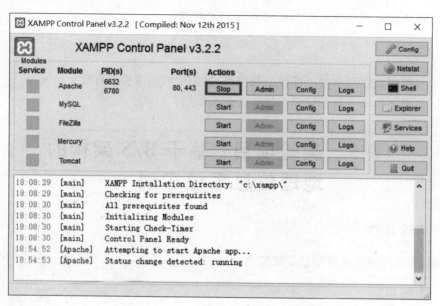

图 11-22　XAMPP 控制台界面

面，如图 11-23 所示。

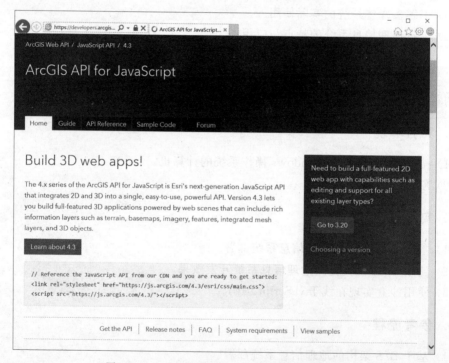

图 11-23　ArcGIS API for JavaScript 网站页面

③ 下载 ArcGIS API：在如图 11-24 所示的 Get the API 页面中访问 Download API
链接下载所需版本的 API。对于 ArcGIS API for Javascript，ESRI 不仅为开发人员提供

了 API,还提供了 SDK,其中 SDK 里面含有 API 的帮助以及例程。需要注意的是,想获取 API 和 SDK,需要注册一个 Esri 全球账户。

图 11-24　Get the API 页面

④ 安装部署:在 C:\xampp\htdocs 目录下新建文件夹,并命名为 mygis,将下载得到的 ArcGIS_js_v33_api.rar 压缩包复制到 C:\xampp\htdocs\mygis 目录,并将该压缩包解压缩,如图 11-25 所示。

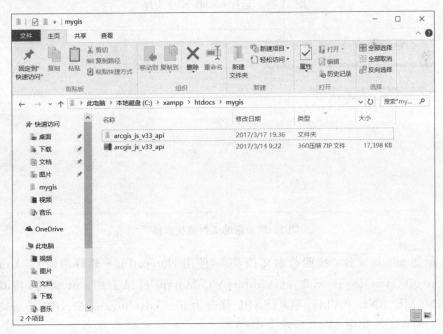

图 11-25　复制并解压缩 ArcGIS_js_v33_api.rar 压缩包

⑤ 运行安装指导：在解压缩得到的 ArcGIS_js_v33_api 文件夹中运行 install. html 文件，如图 11-26 所示，浏览器启动并显示帮助文档。单击图 11-27 中的 ArcGIS API for JavaScript 链接，或直接访问本地网页 C：\xampp\htdocs\mygis\ArcGIS_js_v33_api\library\install. htm，进入 ArcGIS API for JavaScript 的安装帮助页面，如图 11-28 所示。

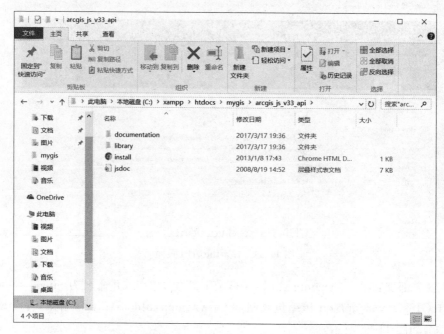

图 11-26　运行 install. html 文件

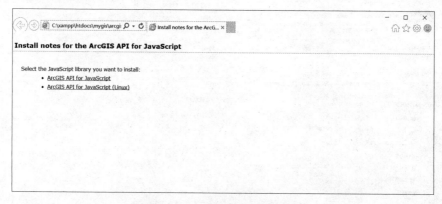

图 11-27　帮助文档链接选择

⑥ 配置 init. js 文件：按照帮助文档要求，使用 Notepad＋＋软件编辑 C：\xampp\htdocs\mygis\ArcGIS_js_v33_api\library\3. 3\jsapi 目录下的 init 文件，将其中的 [HOSTNAME_AND_PATH_TO_JSAPI] 修改为 localhost/mygis/ArcGIS_js_v33_api/library/3. 3/jsapi/，如图 11-29 所示。

⑦ 配置 dojo. js 文件：按照帮助文档要求，使用 Notepad＋＋软件编辑 C：\xampp\htdocs\mygis\ArcGIS_js_v33_api\library\3. 3\jsapi\js\dojo\dojo 目录下的 dojo. js 文

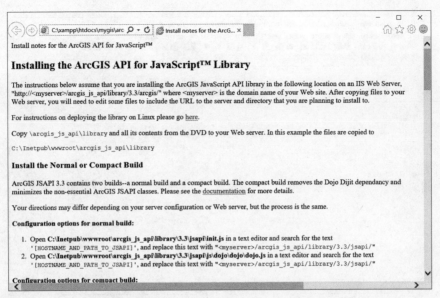

图 11-28　ArcGIS API for JavaScript 安装帮助页面

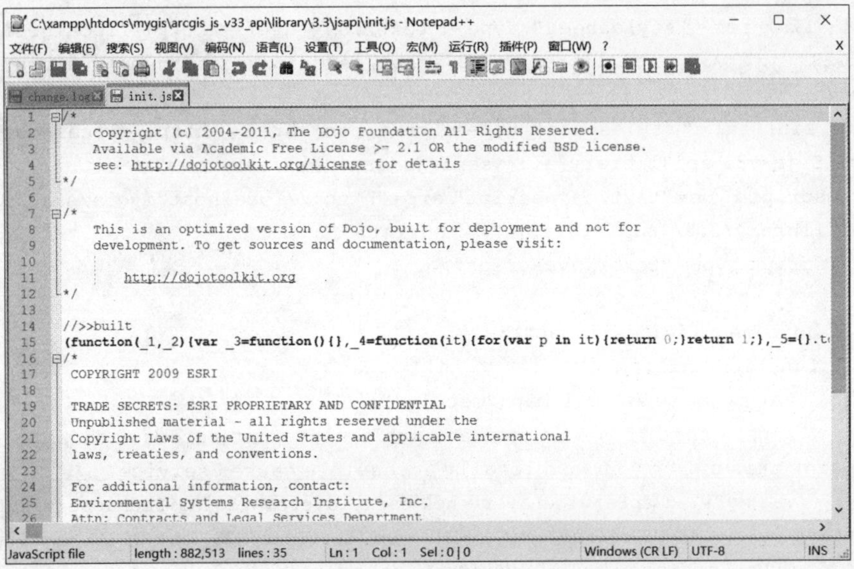

图 11-29　配置 init.js 文件

件,将其中的[HOSTNAME_AND_PATH_TO_JSAPI]修改为 localhost/mygis/ArcGIS
_js_v33_api/library/3.3/jsapi/,如图 11-30 所示。

⑧ 构建测试页面：按照帮助文档要求,使用记事本软件输入以下代码,如图 11-31 所
示,并将该文本文件另存为 test.html,保存到 C：\xampp\htdocs\mygis 路径下。

```html
<html>
  <head>
    <meta http-equiv="Content-Type" content="text/html; charset=utf-8"/>
    <title>MULTIMEDIA IN GIS</title>
```

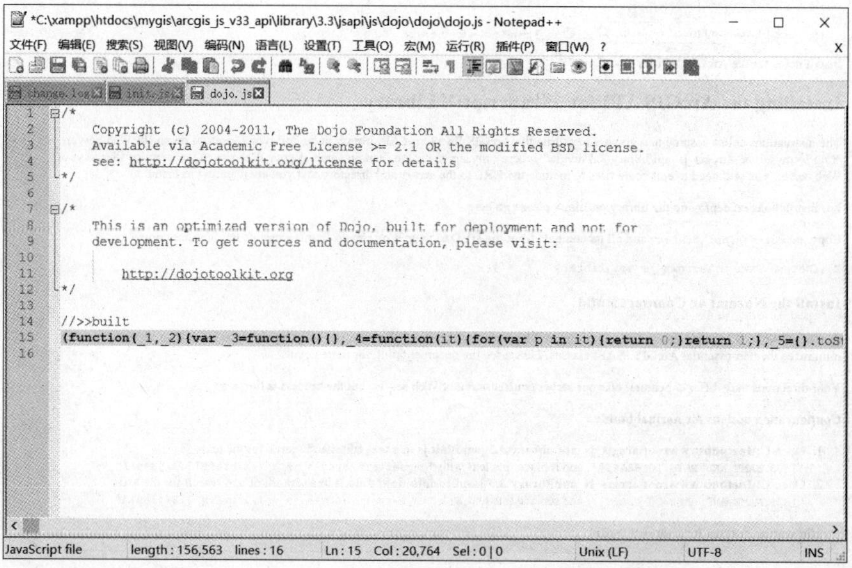

图 11-30　配置 dojo.js 文件

```
< link rel = "stylesheet" type = "text/css" href = "http://localhost/mygis/
ArcGIS _ js _ v33 _ api/library/3. 3/jsapi/js/dojo/dijit/themes/tundra/tundra.
css"/>
< link rel = "stylesheet" type = "text/css" href = "http://localhost/mygis/
ArcGIS_js_v33_api/library/3.3/jsapi/js/esri/css/esri.css" />
<script type="text/javascript" src="http://localhost/mygis/ArcGIS_js_v33
_api/library/3.3/jsapi/init.js"></script>
<script type="text/javascript">

    dojo.require("esri.map");
    function init() {
      var myMap =new esri.Map("mapDiv");
      //note that if you do not have public Internet access then you will need
to point this url to your own locally accessible cached service.
      var myTiledMapServiceLayer =new esri.layers.ArcGISTiledMapServiceLayer
("http://server.ArcGISonline.com/ArcGIS/rest/services/NGS_Topo_US_2D/MapServer");
      myMap.addLayer(myTiledMapServiceLayer);
    }
    dojo.addOnLoad(init);

  </script>
  </head>
  <body class="tundra">
    <div id="mapDiv" style="width:900px; height:600px; border:1px solid # 000;">
</div>
  </body>
</html>
```

```
test - 记事本                                                    —    □    ×

文件(F)  编辑(E)  格式(O)  查看(V)  帮助(H)

<html>
  <head>
    <meta http-equiv="Content-Type" content="text/html; charset=utf-8"/>
    <title>MULTIMEDIA IN GIS</title>
    <link rel="stylesheet" type="text/css"
href="http://localhost/mygis/arcgis_js_v33_api/library/3.3/jsapi/js/dojo/dijit/themes/tundra/t
undra.css" />
    <link rel="stylesheet" type="text/css"
href="http://localhost/mygis/arcgis_js_v33_api/library/3.3/jsapi/js/esri/css/esri.css" />
    <script type="text/javascript"
src="http://localhost/mygis/arcgis_js_v33_api/library/3.3/jsapi/init.js"></script>
    <script type="text/javascript">

      dojo.require("esri.map");
      function init() {
        var myMap = new esri.Map("mapDiv");
        //note that if you do not have public Internet access then you will need to point this
url to your own locally accessible cached service.
        var myTiledMapServiceLayer = new esri.layers.ArcGISTiledMapServiceLayer
("http://server.arcgisonline.com/ArcGIS/rest/services/NGS_Topo_US_2D/MapServer");
        myMap.addLayer(myTiledMapServiceLayer);
      }
      dojo.addOnLoad(init);

    </script>
  </head>
  <body class="tundra">
    <div id="mapDiv" style="width:900px; height:600px; border:1px solid #000;"></div>
  </body>
</html>
```

图 11-31　在记事本中输入代码

⑨ 运行测试页面：在浏览器中输入网址"http：//localhost/MYGIS/TEST.
HTML"，访问测试页面，如图 11-32 所示，得到运行结果，表明 ArcGIS API for
JavaScript 部署成功。

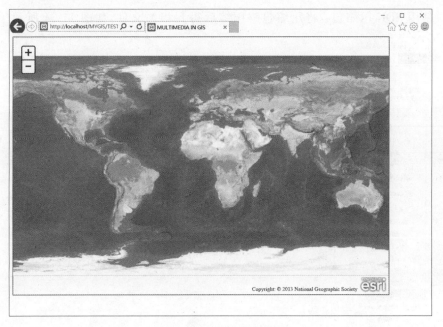

图 11-32　运行测试页面

（2）使用 SDK 工具提高地理信息系统开发效果。

① 访问 ArcGIS 开发者资源网站：访问 ArcGIS API for JavaScript 网址"https：//developers. ArcGIS. com/javascript/"，如图 11-33 所示，并根据需要下载对应的 SDK 压缩包。

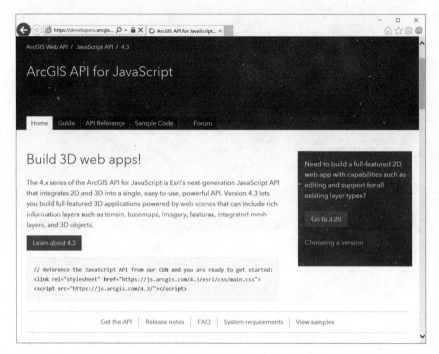

图 11-33   ArcGIS API for JavaScript 页面

② 使用 SDK 压缩包：将压缩包解压缩后得到相关文件，如图 11-34 所示。其中，

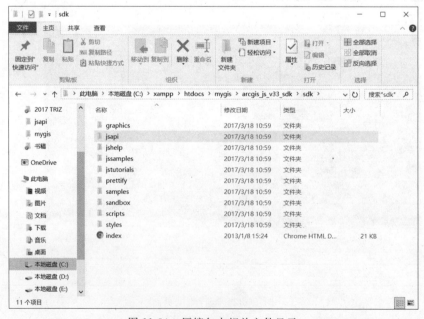

图 11-34   压缩包中相关文件显示

samples 文件夹为 GIS 开发人员提供了丰富的案例,如图 11-35 所示,可供开发人员在构建 GIS 过程中进行参考和使用。

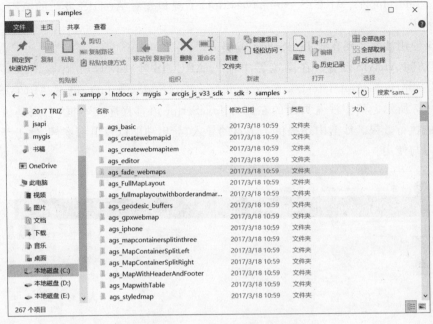

图 11-35　samples 中案例文件

③ 使用 SDK 帮助页面:在 sdk 文件夹、sandbox 文件夹中均有介绍 SDK 使用方法的 HTML 网页文件,可通过在浏览器中访问这些文件获取 SDK 的开发指导,如图 11-36 所示。

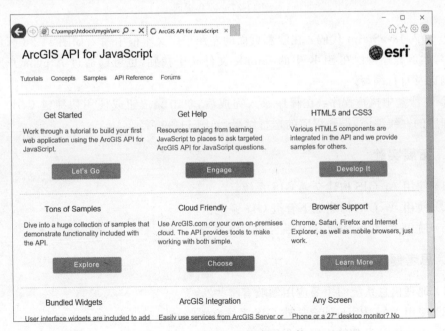

图 11-36　HTML 网页帮助文件

④ 持续开发与完善：随着 GIS 技术的推广与应用，ArcGIS 的 API 越来越受到开发人员的重视和追捧。在利用 JavaScript 进行开发的过程中，可以到 ArcGIS 官网 JS 专区（https：//developers. ArcGIS. com/javascript）了解和查看 ArcGIS 最新的 API 与 SDK 的更新情况。

（3）使用沙盒实现在线 JavaScript 编码。

① 访问 ArcGIS 沙盒：在浏览器中输入 ARCGIS 沙盒网址（https：//developers. ArcGIS. com/javascript/latest/sample-code/sandbox/index. html），进入 ARCGIS 沙盒，如图 11-37 所示。其中沙盒页面的左侧为 JavaScript 语言程序文本框，右侧是该语言在沙盒中的执行效果。沙盒中还提供了丰富的导入、导出功能以及语言案例，便于开发人员进行学习与使用。

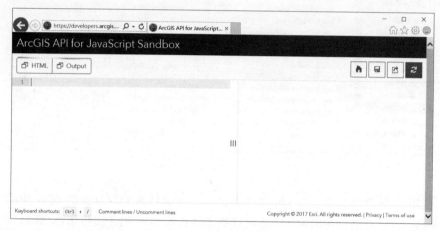

图 11-37　沙盒页面

② 输入 JavaScript 代码：在沙盒页面的左侧程序文本框中输入如图 11-38 所示的案例程序，案例程序可以在 SDK 中的 sample 文件夹中找到，也可以通过 ArgGis 开发人员网页浏览及自行编写。

③ 在沙盒中执行程序：在程序录入完成后，单击██按钮或使用快捷键 Ctrl＋Enter 进行程序的在线编译，得到程序的运行结果，如图 11-39 所示。

7. 拓展实验

（1）使用 ArcGIS 构建交通 GIS 系统。

（2）使用 ArcGIS 构建地下管道 GIS 系统。

（3）使用 ArcGIS 构建 C/S 平台的 GIS 系统。

8. 思考题

（1）地理信息系统的主要应用领域有哪些？

（2）使用 XAMPP 与沙盒构建 GIS 系统有哪些异同？

（3）B/S 与 C/S 架构有哪些异同？

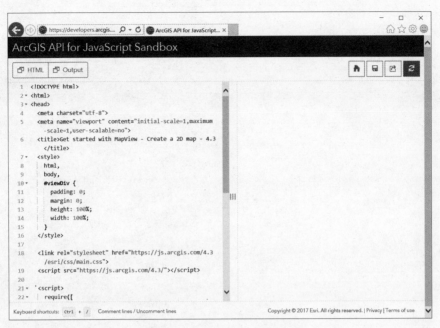

图 11-38　JavaScript 代码输入

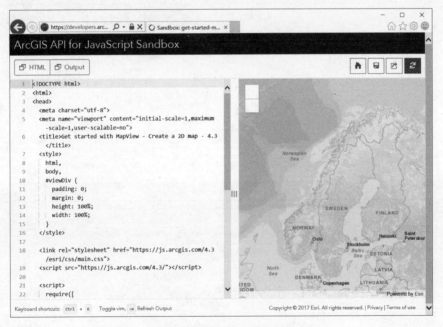

图 11-39　程序运行结果显示